純天然手作果醬

Miki 著

前言

果醬味道香甜可口，既保存了水果特有的風味，又有多種食用方法，能與多種食材搭配，吃出不一樣的風味。而且果醬的保質時間相對長一些，保存起來也方便，廣受人們喜愛，成為熱愛生活、追求品質生活者的早餐、甜品、下午茶等的絕佳搭配。

然而，市售的果醬大多含有多種添加劑，過量食用有害人體健康。為了最大限度保留水果的營養價值和風味，避免市售果醬添加劑的危害，本書鼓勵讀者自己動手，製作純天然的營養果醬，在手工製作的過程中享受美味、獲得健康。

本書凝聚了果醬達人多年的實踐經驗，除了介紹果醬的營養價值、手作果醬的食材及工具、果醬的製作和保存等實用知識外，還收錄了 50 餘款人氣果醬配方，從原汁原味的單品果醬、口感豐富的雙料果醬，到加入香料花草的複合果醬、充滿異域情調的酒香果醬等，並介紹多種果醬的美味搭配、新奇吃法，比如搭配吐司、布甸、蛋糕、刨冰……吃法多樣，應有盡有。

總有幾款果醬、幾種搭配適合你，果醬製作不僅簡單方便，而且滋味絕佳，輕輕鬆鬆就能為家中的餐桌增添生趣，讓你胃口大開，甜蜜美味盡入口中。

目錄

第一章 知識秘訣 手作果醬需知道

第二章 香甜鮮果 原汁原味的果實誘惑

第三章 雙料果醬 口感豐富的雙重美味

第四章 浪漫花草 鮮花香草的別樣情懷

第五章 濃鬱酒香 美酒鮮果的異域情調

第六章 果醬的美味搭配

第一章
知識秘訣
手作果醬需知道

手作果醬　營養美味

現在許多人早午餐、下午茶選擇吃麵包，抹上大量的牛油或芝士佐食。然而，吃太多奶製品對健康沒好處，一個更健康的選擇是果醬。不同於含有大量脂肪的牛油和芝士，果醬的營養價值很高，是更為健康的吃法。

增强食慾　幫助消化

果膠是果醬中非常典型的營養素，它實際上是一種柔軟的膳食纖維，不僅比普通的粗纖維吸水性更强，還不會像粗纖維一樣有傷害食道或胃、腸道的危險。果醬還含有天然果酸，能促進消化液分泌，有增强食慾、幫助消化之功效。

預防癌症

目前已經有許多研究將各種癌症的形成與膳食聯繫起來。特別是膳食對消化道癌症和結腸癌的形成，似乎確實存在一定聯繫。科學研究發現，果膠中的半乳糖分子與細胞表面具有訊息傳遞功能的糖蛋白質分子結合，可以阻斷癌細胞的轉移。

緩解缺鐵性貧血

果醬細軟、酸甜，擁有各種水果的營養成分，營養極為豐富。果醬中含有豐富的礦物質和纖維等，還有一些抗氧化成分，如類黃酮、花青素。此外，果醬還能增加色素，對缺鐵性貧血有輔助療效。

果醬含豐富的鉀、鋅元素，能幫助消除疲勞。嬰幼兒吃果醬可補充鈣、磷，對預防佝僂病有一定效果。

排毒減重

果膠對因飲食過量引起的肥胖有一定的緩解作用，可幫助減輕體重。實驗顯示，在膳食中加入果膠，可以使胃排空時間延長。這樣可以延緩碳水化合物等的吸收，並防止血糖濃度波動過大，增加飽腹感。在胃、腸道中果膠的水合反應也有助於增加飽腹感，從而減少食物攝取量。

果膠還有排毒的效果，作為一種天然的預防性藥物，對處理從胃、腸道及呼吸器官進入人體的鉛、汞等有毒陽離子有一定效果。

 手作果醬的食材

大多數人都喜歡水果，但是很多水果不易保存，如果將其製作成果醬，可以延長保存時間。除了因為果醬的味道香甜可口之外，還因為果醬把各種水果、糖分及調節劑混合，極大限度地保持了水果特有的風味，因此許多人對於果醬情有獨鍾。

適宜做果醬的食材

水果

果膠、果酸含量較高的水果

一般的水果都可以用來做果醬，不同的是，有的水果含果膠、果酸多，煮後容易凝固，因此更適合家庭果醬製作；而有的水果需要添加凝固劑才能達到最佳的果醬凝固狀態，因而家庭製作起來比較麻煩。

- 果膠含量較高的水果：青蘋果（未成熟蘋果）、檸檬、柑橘、柿子等。
- 果膠含量中等的水果：漿果類水果，如士多啤梨、藍莓、紅莓（覆盆子）等。
- 果膠含量較低的水果：梨、紅蘋果、奇異果、芒果等。

一般來說，選擇果膠、果酸含量較高的水果做果醬，製作簡單，且易把握黏稠度。但這並不代表果膠、果酸含量低的水果不能用來製作果醬。

未熟透的果實

比起熟透的果實，製作果醬選用稍微有些不成熟的水果或者剛剛成熟的水果是最好的，因為它們含有更多的果膠和有機酸。製作果醬可以用單種水果，但幾種水果混合起來，味道也非常好。

富含花青素、類黃酮和礦物質的水果

從原料來說，用富含花青素、類黃酮和礦物質的水果製作的果醬營養價值更高。比如說，藍莓果醬自然是極佳選擇，優質的山楂果醬和士多啤梨果醬也非常出色。

糖

白砂糖

一般來說，做果醬只需要水果和白砂糖就行，白砂糖和水果的比例大約是 1:3，可以根據水果的甜度和個人的口味作適當的調整。需要補充一點，白砂糖是很好的純天然防腐劑，用量越少，果醬能存放的時間也就越短。

冰糖

冰糖也可以代替白砂糖，用於果醬的製作。在做果醬的過程中添加冰糖，可以增加果醬成品的光澤。當然，冰糖和白砂糖混合使用也是可以的。

麥芽糖

製作果醬時添加麥芽糖也是一個不錯的選擇。和白砂糖、冰糖一樣，麥芽糖也有增加風味、延長保質期的作用。同時，麥芽糖還可以增加果醬的濃稠度，增加色澤。

蜂蜜

蜂蜜是手作果醬的好伴侶，據說最早在歐洲出現的果醬就是用蜂蜜與果肉混合製成。在製作果醬時，可以根據自己的口味加入幾大匙蜂蜜，攪拌均勻。蜂蜜雖美味，但也不可多加，以免它的甜味蓋過水果的清香。

檸檬汁

對於果膠含量較低的水果，可以加入檸檬來增強凝膠作用。可以把檸檬榨成汁使用，或是將新鮮檸檬切片放進去，都可以充分利用檸檬的豐富果膠。

檸檬汁是做果醬的好幫手，除了增強凝膠作用外，還可以調整酸度和改善果醬風味。另外，它還有抗氧化作用，可阻止水果變色。檸檬不需要多，一般只需要半個到 2 個就可以。需要注意的是，過度的酸性會使果膠失效。

水

如果是含水量少的水果，如蘋果、梨等，熬煮時可加些水。另外，在處理水果的過程中，如用料理機打碎，都不可避免要加些水。

除此之外，還可以根據自己的口味添加香料、花草、酒等調味，放一點檸檬酸和果膠還是可以接受的，但香精、色素、防腐劑、寒天之類的配料最好不要用於家庭果醬製作中。

水果選購指南

挑選時令

時令水果就是在各個季節中按照自然規律成熟的各種水果。水果要當季成熟的才好吃，而且不擔心因被催熟而存在食品安全隱患。

挑選大小適中

體積太大的水果極有可能是在生長過程中使用激素、膨大劑催熟的，有害人體健康。

最好吃當地應季生產

北方賣的南方水果大都是催熟的，因為南方果子熟了後不便運輸，只能將生的運過來再加工，使之成熟。所以，儘量吃本地應季水果。

根據個人觸覺、視覺、味覺等判斷

一般是「一聞」、「二看」、「三捏」。一是先聞有沒有水果應該有的香味，也聞聞有沒有其他的怪味；二是看有沒有發黑或爛的地方；三是捏一捏，看是否局部太軟。有怪味、發黑腐爛、局部太軟的水果不要購買。

不要盲目追求外在美

很多人認為，顏色鮮艷、整個完整且碩大的水果才是好水果，這就有可能掉入不法商人利用非法手段偽造外觀的陷阱。

避免購買切好的

水果是維他命 C 的主要來源，維他命 C 容易在空氣中氧化，高溫及陽光都會使其流失，因而預先去皮、切開的鮮果，營養成分可能會降低。英國消費者協會做過一項研究，測試在超市售賣的預先切開的包裝蔬果的維他命 C 含量，研究發現，在 13 個樣本中，4 個樣本的維他命 C 含量比標準含量低一半。

按色澤、部位特徵、紋理形狀等判斷

一般來說，無論甚麼水果，蒂部凹得越厲害往往就越甜；顏色好看有光澤的通常更優質一些；水果的根部是不是夠凹，有沒有一個圈圈，有的就一般比較甜。

手作果醬的工具

適當的鍋具

熬果醬最好不要使用鐵鍋或鋁鍋，因為水果中的果酸受熱後容易與鐵發生化學反應，導致最後熬出的果醬變成黑色；果醬用鋁鍋來熬也會變色，而且會導致更多的鋁進入果醬中，吃多了這種果醬對身體不利。

另外，鐵鍋通常還有鐵腥味，在熬煮的過程中這種鐵腥味會進入果醬，從而影響果醬的口感和味道。搪瓷鍋、不銹鋼鍋、牛奶鍋、不黏鍋等都是比較好的選擇。

匙子

同樣，熬製果醬也最好不用鐵製或鋁製的匙子。長柄的木匙或竹匙都是不錯的選擇。

麵包機

不少麵包機都會有「果醬」功能，如果怕自己熬製果醬容易熬焦或想要方便快捷地做好果醬，可以嘗試使用麵包機的「果醬」功能。

濾網

製作果醬時，有時需要用濾網過濾掉太粗的顆粒，以免影響口感。

木鏟

熬製果醬需要用鏟子不停攪拌以防黏鍋，而和選用鍋具的道理一樣，最好不用鐵鏟和鋁鏟，選擇木鏟比較好。

玻璃瓶

果醬熬製好後，需要使用密封的玻璃瓶保存。可以選擇 250 毫升、500 毫升或者 350 毫升左右容量的。裝果醬的瓶子應該是乾淨、乾燥，還要無水、無油。也可以把家中閒置的舊玻璃瓶洗乾淨，消毒、乾燥後用來保存果醬，變廢為寶。

攪拌機 / 料理機

有些果醬在熬製過程中難以煮成黏稠、溶爛的狀態，因此在熬製前可能需要使用攪拌機或料理機先把切好的水果塊攪拌成泥狀，使熬煮出來的果醬口感更佳。

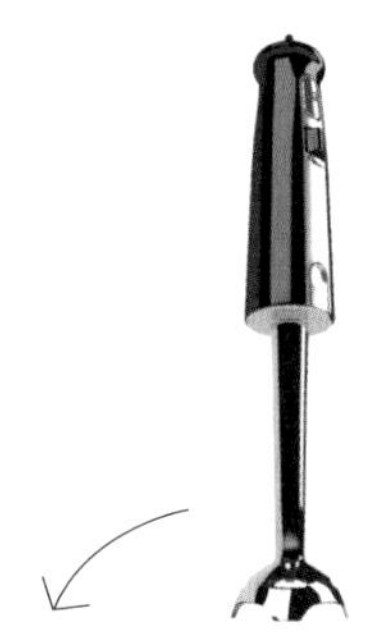

手持式攪拌器

手持式攪拌器方便快捷，如果沒有攪拌機或嫌攪拌機清洗麻煩的話，也可以使用手持式攪拌器將切好的水果攪爛，或將煮好的果醬打成泥狀。

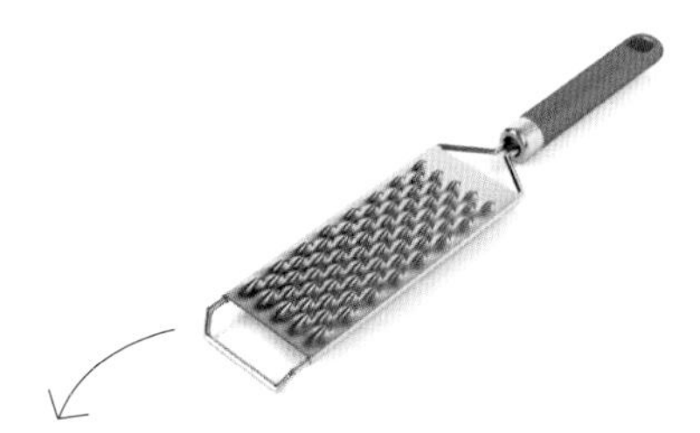

刨絲器

檸檬是製作果醬常用的食材，無論是檸檬皮還是檸檬汁，都經常被加入果醬中提味及延長果醬保質期。可以用刨絲器刨出檸檬皮屑加入果醬中，以增加風味，又不會破壞口感。

廚用量杯

製作果醬時，如果把握不好水果與糖分的比例，就容易壞了一整鍋果醬。擔心自己不能較好地控制比例，可以使用量杯，按照食譜的用量來製作果醬。

手作果醬的熬製

製作果醬的關鍵步驟

瓶罐消毒

果醬瓶消毒是保存果醬的關鍵之一，消毒方式有兩種：

焗爐消毒法：將果醬瓶先用清水洗乾淨，特別注意瓶內邊緣和開口螺紋處；把瓶子放入焗爐，用 100℃烘烤約 5 分鐘消毒即可。

沸水消毒法：將果醬瓶放進煮沸的水中，將果醬瓶放進沸水中消毒 5 分鐘取出。將瓶倒立放置曬乾，直到水分完全蒸發後才可使用。

處理水果

不同水果應該採用不同的清洗與處理步驟。原則上，清洗的方式包括沖洗、刷洗、浸洗、漂洗等，例如蘋果沖洗後再去皮、去核，士多啤梨要浸泡、漂洗、瀝乾後再去蒂等，目的是要去除農藥、染劑和髒污。而水果的基本處理方法有去皮、去籽、去核、去白膜等程序，之後再切成所需的水果形狀和大小，水果形狀和大小會直接影響果醬熬煮的時間和口感。

糖漬冰鎮

糖漬冰鎮這個步驟的目的是讓冰糖溶化，利用滲透的原理，讓水果細胞中的水分釋出，使之軟化脫水，並使水果果肉、冰糖、檸檬汁更加融合。建議最好放進冰箱中冷藏 10~12 小時，若達不到此要求，至少也需 4 小時。

攪拌熬煮

以中、大火熬煮較為合適，待煮沸後再視果醬濃縮狀況調整火力，但即使調整為小火仍不得過小，以免果醬不易凝結。熬煮果醬的總時間在 30~45 分鐘，但應根據氣溫高低、水果含水量多少、爐火大小及糖、水的添加量而酌情增減。

趁熱裝瓶

果醬煮好後，應趁果醬仍在 85℃以上時裝瓶（溫度低於 80℃裝瓶容易滋生細菌），裝至八九分滿即可，並立刻蓋上瓶蓋鎖緊。

真空保存

果醬裝瓶時不要裝滿，保留些許空隙，是為了讓果醬瓶倒扣時可以將多餘的空氣擠壓出來，使果醬瓶內具有真空的效果，同時也利用果醬的高溫熱氣幫瓶蓋殺菌。

手作果醬的秘訣

把握好果醬的甜酸比例

水果與糖的比例一般約為 3:1。對於酸的水果，糖可增加到水果的一半量；較甜的水果，糖量可減至水果的 1/4 或更少。冰糖與糖的比例最好是 1:1，這樣熬出來的果醬口感較好。糖不可太少，因為糖在與水果的熬煮過程中，對水果的高滲透作用可以阻止細菌滋生，它本身就是最好的天然防腐劑。糖還有助於水果果膠的釋出，而小火慢熬和不停攪拌的方式也有助於水果果膠的釋出。若水果果膠不能釋出，果醬的黏稠度不夠，就會影響口感和儲存時間。

注意火候大小及溫度

如果要用鍋熬煮果醬的話，需先用大火將果醬煮沸，再轉小火慢慢熬煮，避免果醬焦糊。另外，在熬煮過程中，最好邊用匙子攪拌均勻，邊撇去果醬上的浮沫。

自製果醬需遵循的原則

自製果醬不添加任何香精，口感自己把握，只遵循這樣一個原則：甜的水果加酸，酸的水果多加糖。比如，像士多啤梨、菠蘿、山楂這樣酸甜的水果，要多加糖；而像蘋果、芒果這樣甜度大的水果，要多加檸檬汁，以豐富果醬的口感。水分多的水果，直接熬煮；水分少的水果，如桃子、金橘、山楂等可以適量加水。

把握好果醬的黏稠度

大部分水果在熬製的整個過程不需要放水，因為果肉本身水分含量比較多，和糖一起煮後水分就會出來，變成稀稀的狀態。對於水分較多的水果，可以添加生粉或麥芽糖來增加果醬的黏稠度。果醬一般煮到濃稠，比你想要的果醬稠度稍稀時，就可以關火了，因為等果醬涼透後，黏稠度會增加。

但如何判斷果醬是否已經「黏稠」了呢？此處提供 5 個方法。

1. **溫度測量法：**使用專門溫度計，測量果醬已經達到 104℃，即已經煮好，可以關火裝瓶。

2. **糖度測量法：**使用專門的糖度計，測量果醬糖度已達到 65 度，即已經煮好。但糖度計太過專業，家庭製作不好操作。

3. **水滴法：**取少量熱果醬滴入冷水中，果醬不散開，並且呈現出下沉趨勢時即可。

4. **起皺測試法：**在瓶蓋上滴少許果醬放入冰箱冷凍層，片刻後拿出，用指腹輕推果醬，若表面會產生褶皺，表示已熬好。

5. **觀察法：**感覺熬至差不多時，即用匙子輕刮鍋底，如果果醬流速較慢、形成的小路不會馬上閉合，則表示已熬好。

 手作果醬的保存

自製的果醬如果變質或處理不當，很可能產生致病的病菌，因此一定要注意在推薦的食用時間內食用。而使用罐子之前一定要清洗消毒，如果有的罐裝食品存放時沒有密封好，就要扔掉。另外，如果食物聞起來有異味或發黴、變色，也要立即扔掉。

保存果醬的關鍵步驟

因為家庭手作果醬一般不加任何防腐劑和添加劑，如果要安全地儲存果醬，使其不容易變質、變味尤為重要。一般來說，想要有效儲存果醬、延長保質期，主要有以下幾個重要步驟：

充分殺菌

一般人都覺得甜的食物容易壞，但是在果醬身上卻是恰恰相反。這是因為在熬煮時糖可以促進水果中的水分熬煮出來，如此就能使殺菌的作用更加徹底，沒有了細菌，自然在保存的期間就不容易變質。

製作果醬時，長時間的熬煮也具有充分殺菌的作用，可以防止果醬保存時內部變質腐壞或發酵。但由於家庭自製果醬的整個過程難以實現無菌控制，可能存在細菌污染的風險，所以做好的果醬要趁熱裝入已消毒殺菌後的容器，立即封蓋保存。

容器消毒

儲存果醬以玻璃瓶（耐熱防爆的玻璃瓶）為最好。將其徹底清洗之後，高溫蒸煮 15 分鐘左右，控乾水後可放焗爐低溫烘乾，使其充分消毒並完全瀝乾水分。

趁熱裝瓶

果醬的儲存中最重要的一點：做好的果醬在溫度不低於 85℃的時候裝入可以密封的玻璃瓶中，不應過滿，距離瓶口 1 厘米左右。封好瓶蓋後再倒扣約 10 分鐘逼出空氣滅菌，防止在冷卻時空氣中的細菌掉落在果醬上；接着可以直立，以冷水冷卻至 37℃後放冰箱冷藏保存即可，當然也可以一直倒扣至常溫後再放冰箱冷藏。

也可在趁熱裝瓶後立即上鍋再蒸 10~20 分鐘，或整瓶浸入水中煮 10 分鐘，取出擦乾瓶身，倒扣瓶子，待完全涼透後入冰箱冷藏保存，這方法可保存 3~5 個月。

儘快食用

自製果醬應放冰箱並冷藏，儘快食用。一次製作量不宜大，最好即製即食，避免長時間儲藏。真空的瓶子裏，可存放 1 個月左右，開蓋後最好 1 周內吃完，且每次食用時，要用乾爽潔淨的匙子將果醬拔出，因為自製果醬沒用防腐劑，開蓋後容易腐壞。

手作果醬的保存期限

手作果醬中，糖的分量多少直接決定了果醬保質期限的長短。事實上，家庭自製果醬的保質期除了和糖分比例、溫度有關之外，還和包裝的嚴密程度及果醬本身的潔淨程度有很大關係。那麼，不加糖、不加任何防腐劑的果醬在常溫或冰箱冷藏等不同溫度條件下，分別能保存多長時間呢？

常溫保存

在常溫 10~25℃範圍之內，保存期一般是 1 天，也就是 24 小時左右。當天吃不完，最遲放至第二天，還需要注意有沒有異味產生，如有異味就不要再食用。

冷藏保存

在冰箱冷藏室保存果醬，溫度在 2~6℃範圍之內，保存時間為 3~5 天。製作好之後到放入冰箱前的時間越短，在冰箱的保存時間越長。

25℃以上溫度保存

手作果醬在超過 25℃以上的溫度環境下保存時，不要超過 8 小時。溫度越高，保存時間越短，在 33℃以上可能連 8 小時都保存不了，半天即壞掉。

冷凍保存

在冰箱的冷凍櫃裏保存，保存溫度在 -5℃，甚至更低的情況下，可以保存 1~2 個月，甚至更長時間。

第二章

香甜鮮果
原汁原味的果實誘惑

蘋果果醬

烹飪時間：60 分鐘

可冷藏 2 個月

約 450 克

材料

蘋果 700 克
白砂糖 180 克
牛油 30 克
鹽適量

做法

1. 蘋果削皮去芯，切小塊，浸鹽水中約 15 分鐘。
2. 鍋中撒白砂糖煮至溶化成焦糖狀，加入蘋果。
3. 再加入適量牛油，煮至溢出香味。
4. 繼續攪拌，將蘋果壓成泥，煮至果醬顯出光澤、呈濃稠狀時，即可裝入用熱水消毒過的玻璃瓶中（趁熱裝瓶），鎖緊瓶蓋後倒置。

美味小訣竅

最好挑選稍酸的蘋果作原料。若蘋果不帶酸味，可適當加入檸檬汁以增加酸味。

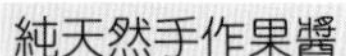

布冧果醬

烹飪時間：30 分鐘

可冷藏 1 個半月

約 400 克

材料

布冧 600 克

檸檬半個

冰糖 200 克

麥芽糖適量

做法

1. 布冧洗淨，去核，切塊。
2. 放進鍋中，加入冰糖，用中小火熬製。
3. 加入適量麥芽糖，攪拌。
4. 煮至黏稠後，擠入檸檬汁調味即可。

美味小訣竅

沒有麥芽糖可不放，但加入麥芽糖可增加黏稠度，並起到防腐作用。

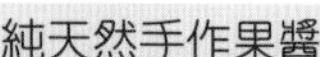

西柚果醬

營養成分

西柚中富含果膠，有降低膽固醇的作用。同時含有寶貴的天然維他命 P 和可溶性纖維素，對維他命 C 的吸收有極大的促進作用。

烹飪時間：150 分鐘

可冷藏 2 個月

約 450 克

材料

西柚 500 克

檸檬 1 個

白砂糖 200 克

做法

1. 西柚剝開去皮，取果肉；檸檬洗淨備用。
2. 處理好的西柚果肉進鍋，加白砂糖，中火煮開。
3. 不斷攪拌，至汁水收縮。
4. 擦入檸檬皮屑，煮至濃稠即可。

美味小訣竅

煮至濃稠時，取一滴果醬滴入冷水中會成醬狀，而不是分散狀，就是煮好了。也可用匙子在鍋底劃一下，能看見鍋底即可。

橙果醬

營養成分

橙中含有豐富的膳食纖維、維他命A、維他命C等成分，具有生津止渴、助消化、美白皮膚等功效。

烹飪時間：80 分鐘

可冷藏 2 個月

約 300 克

材料

橙 600 克

檸檬半個

白砂糖 200 克

做法

1. 將橙果肉取出，切片。
2. 加入白砂糖。
3. 擦入橙皮屑，中小火熬煮。
4. 將檸檬汁擠入鍋裏熬煮，並不斷攪拌。
5. 用隔渣網濾掉雜質。
6. 待果醬呈濃稠狀，關火，將果醬裝入罐內，放入冰箱冷藏即可。

美味小訣竅

每日早餐只吃燕麥太單調？試着拔上一小匙橙果醬，再攪拌均勻，讓燕麥的醇香與果醬的清甜融合，營養美味開啓新的一天。

奇異果果醬

營養成分

奇異果中含有豐富的維他命C、膳食纖維及礦物質等營養成分，且脂肪含量較低，對減肥健美、美容等很有幫助。

烹飪時間：60 分鐘

可冷藏 1 個半月

約 300 克

材料

奇異果 500 克

白砂糖 200 克

檸檬 30 克

做法

1. 奇異果洗淨去皮，把果肉切成塊狀。
2. 取白砂糖與水果拌勻，放置 1 小時以上，讓其中的果膠釋出。
3. 然後移入鍋中，小火煮至果肉軟爛。
4. 用匙子壓爛之後繼續小火加熱，並不停攪拌。
5. 攪拌至八九成黏稠的時候擠入適量檸檬汁，攪拌均勻，以增加清香度。
6. 待水分蒸發、果醬非常黏稠時即可關火，趁熱裝入無水無油的玻璃瓶中，曬涼至常溫後移至冰箱冷藏。

美味小訣竅

奇異果裏面的白芯很難煮爛，切粒時需將其去掉，以免影響口感。

柑橘果醬

烹飪時間：50 分鐘

可冷藏 2 個月

約 300 克

材料

柑橘 500 克
白砂糖 250 克
檸檬半個
水 400 毫升

做法

1. 柑橘去皮取瓣，再去內表皮，取出果肉。
2. 剝下的橘皮去掉白膜，切成細絲，換兩次水，每次各煮 3 分鐘，去除苦味。
3. 煮好的橘皮絲撈出，備用。
4. 將剝好的橘肉倒入鍋中，倒入白砂糖，熬煮至果肉軟爛。
5. 擠入檸檬汁，中小火熬煮，不斷攪拌。
6. 加入橘皮絲，小火慢煮至黏稠即可。

美味小訣竅

市面上的果味乳酪有多種添加劑，不如用純天然無添加劑的果醬搭配原味的乳酪，絕對更好吃、更健康！

烹飪時間：40 分鐘

可冷藏 2~3 天

約 300 克

藍莓果醬

材料

藍莓 600 克

白砂糖 120 克

檸檬半個

做法

1. 藍莓洗淨濾乾，放入鍋中。
2. 加入白砂糖，小火熬煮至半液體狀。
3. 擦入檸檬皮屑，擠入檸檬汁，中火煮沸，繼續煮至醬汁黏稠即可。

蜂蜜柚子醬

烹飪時間：45 分鐘

可冷藏 2 個月

約 450 克

材料

柚子 1 個
白砂糖 200 克
蜂蜜 80 克
鹽 3 克
水 500 毫升

做法

1. 剝開柚子，取出果肉部分。
2. 取柚子皮，去掉柚子皮和柚子肉中間的白色部分，皮越薄越好。
3. 將柚子皮切成細絲。
4. 將柚皮絲放入淡鹽水中，浸泡 15 分鐘。
5. 鍋中加入 500 毫升水和白砂糖，燒開後轉小火，先煮一下柚皮絲。
6. 待柚皮絲煮至透明狀，再下入柚子果肉一起大火煮開，然後轉小火慢煮，攪拌。熬至黏稠狀關火，曬至溫熱時倒入蜂蜜，攪拌均勻，裝瓶即可。

美味小訣竅

柚子皮放入的分量是柚子肉的 1/4，這個比例口感較好。

菠蘿果醬

烹飪時間：200 分鐘

可冷藏 2 個月

約 100 克

材料

菠蘿 500 克
白砂糖 150 克
麥芽糖 80 克
檸檬半個

做法

1. 菠蘿處理好，果肉切成塊狀。
2. 菠蘿塊用手持式攪拌器稍稍攪拌，製成果泥。
3. 攪拌好的菠蘿果泥加白砂糖，封上保鮮紙，放冰箱冷藏 3 小時。
4. 取出果泥，倒進鍋中，中小火煮開。
5. 加麥芽糖，拌煮至黏稠。
6. 擠入檸檬汁，繼續熬煮 5 分鐘即可。

美味小訣竅

菠蘿用攪拌器攪拌時，不必打得太爛，稍微留點顆粒狀，口感更好。

Mango.

Jam

第三章

雙料果醬
口感豐富的雙重美味

蘋果山楂醬

營養成分

山楂中含有豐富的碳水化合物、膳食纖維、鈣、鐵、鉀和維他命C等，有開胃消食、活血化瘀的功效。

烹飪時間：80 分鐘

可冷藏 1 個月

約 450 克

材料

山楂 500 克

蘋果 300 克

檸檬 1 個

白砂糖 150 克

做法

1. 蘋果洗淨去皮，切塊。
2. 山楂洗淨去核，切成薄片後再略切碎。
3. 將蘋果和山楂加白砂糖拌勻，略醃至有水分滲出時，用中小火慢煮。
4. 邊煮邊攪動，至果醬黏稠。
5. 刮入檸檬皮屑。
6. 至果肉變細膩，關火，擠入半個檸檬汁，拌勻即可。

美味小訣竅

如果不想將蘋果、山楂切細末，也可以將其切成小塊，放進料理機打爛。

芒果西柚果醬

烹飪時間：40 分鐘

可冷藏 2 個月

約 300 克

材料

芒果 300 克

西柚 150 克

白砂糖 150 克

檸檬半個

做法

1. 西柚去皮，取果肉。
2. 芒果去皮，取果肉，切小塊。
3. 將處理好的果肉放入鍋中，加入白砂糖。
4. 開火熬煮，至水分釋出。
5. 不斷攪拌，續煮至果肉溶爛。
6. 擠入檸檬汁，繼續攪拌至黏稠即可。

美味小訣竅

酸酸甜甜的芒果加西柚製成的果醬，搭配上可口的心太軟朱古力蛋糕，每一口都是幸福的味道。

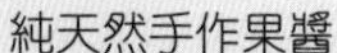

雪梨百香果果醬

烹飪時間：40 分鐘

可冷藏 2 個月

約 300 克

材料

雪梨 500 克

百香果肉 100 克

白砂糖 200 克

做法

1. 將雪梨去皮、核，切片。
2. 用匙子把百香果的果肉挖出來。
3. 將白砂糖、百香果肉、雪梨薄片混合拌勻。
4. 用保鮮紙封好，放進冰箱冷藏一夜。
5. 冷藏至白砂糖全溶化後，將材料放入鍋內，開中火煮至沸騰。
6. 不斷攪拌，刮去浮沫，煮至黏稠後將果醬裝入曬乾的玻璃瓶中。

1

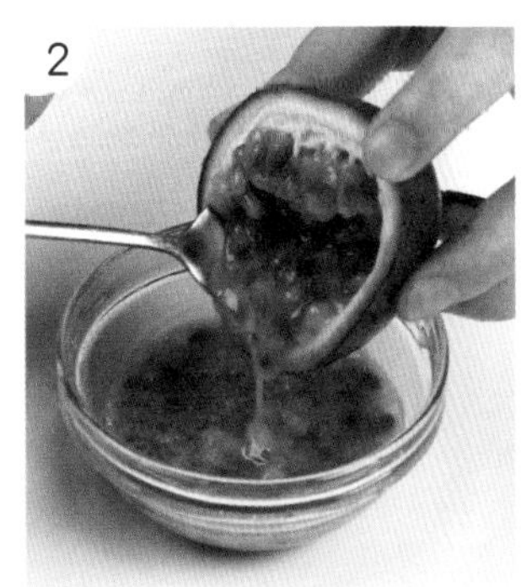

2

3

4

5

6

美味小訣竅

裝瓶後可將果醬瓶正放於室溫 3~7 天，使果醬熟成，再放進冰箱的冷藏室保存。

百香芒果醬

烹飪時間：30 分鐘

可冷藏 2 個月

約 350 克

材料

芒果 500 克
百香果肉 100 克
白砂糖 100 克
檸檬 30 克

做法

1. 芒果取果肉，切小塊。
2. 百香果剖開，用匙子刮出果肉。
3. 用濾網濾掉百香果果核。
4. 加入白砂糖，開中火熬煮。
5. 熬煮的過程中要不斷攪拌。
6. 擦入檸檬皮屑，煮至濃稠即可。

美味小訣竅

麵包雖健康，但總是少了點味道。塗上點自製的百香芒果醬，瞬間美味升級。

百香水蜜桃醬

營養成分

水蜜桃中含有豐富的維他命和礦物質，蛋白質含量也比一般水果高很多，有美膚、清胃、潤肺等功效。

烹飪時間：45 分鐘

可冷藏 2 個月

約 300 克

材料

百香果 30 克
水蜜桃 400 克
白砂糖 200 克

做法

1. 水蜜桃去皮，切成小塊，放進鍋中。
2. 百香果剖開，用匙子拔出果肉，用濾網隔掉黑色的籽。
3. 加入白砂糖。
4. 開火熬製。
5. 期間要不斷攪拌。
6. 熬煮至水蜜桃果肉溶爛黏稠即可。

1

2

3

4

5

6

美味小訣竅

水蜜桃很難熬爛，在熬煮過程中除了要不斷攪拌，還要借助木鏟把水蜜桃壓爛。

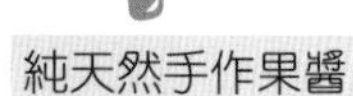

太妃風味香蕉果醬

烹飪時間：30 分鐘

可冷藏 1 個月

約 500 克

材料

香蕉 500 克

白砂糖 250 克

牛油 50 克

淡奶油 200 毫升

鹽 3 克

做法

1. 香蕉去皮，切成片，在平底鍋內加入白砂糖，用中小火乾炒。
2. 至白砂糖全部溶化，呈琥珀色後關火，加入牛油拌勻。
3. 加入淡奶油，中小火煮沸。
4. 加入少量鹽，攪拌調味。
5. 加入切好的香蕉片，繼續熬煮。
6. 用匙子將香蕉片壓爛，一邊熬煮一邊攪拌，至黏稠即可。

美味小訣竅

想讓味道更香醇，可以在煮果醬的時候再加一點點朱古力屑。

朱古力香蕉醬

烹飪時間：40 分鐘

儘快食用

約 450 克

材料

香蕉 500 克
朱古力 40 克
白砂糖 40 克
牛油 20 克
鹽 3 克

做法

1. 香蕉去皮，切成小段。
2. 鍋中加入牛油，小火熔化。
3. 倒入切好的香蕉段，中小火加熱。
4. 加入白砂糖，並不停攪拌，防止糊底。
5. 加少許鹽調味，攪拌均勻，同時把香蕉段壓爛。
6. 待香蕉醬黏稠時，加入朱古力，小火加熱並不停攪拌，至完全溶化即可。

美味小訣竅

果醬做好後不可放入冰箱保存，以免變硬，應儘快食用。

檸香木瓜醬

烹飪時間：100 分鐘

可冷藏 2 個月

約 450 克

材料

木瓜 800 克

白砂糖 80 克

冰糖 80 克

檸檬半個

做法

1. 木瓜去皮、籽，果肉切成小粒。
2. 擦入檸檬皮屑調味。
3. 將木瓜果肉、檸檬皮屑、冰糖、白砂糖混合均勻，醃漬 1 小時。
4. 中火熬煮，並不斷攪拌，避免糊鍋。
5. 煮至黏稠時擠入檸檬汁，繼續煮 5 分鐘左右即可。
6. 冷卻至 60℃左右時，裝入無油無水的乾淨密封盒子或瓶子裏，冷卻後放進冰箱冷藏。

美味小訣竅

如不喜歡果醬帶有顆粒感，可用攪拌機將木瓜打成糊狀再煮。

檸香無花果醬

營養成分

無花果含有蘋果酸、檸檬酸、脂肪酶、蛋白酶、水解酶等，能幫助人體消化食物，促進食慾。又因其含有多種脂類，故具有潤腸通便的效果。

烹飪時間：30 分鐘

可冷藏 2 個月

約 300 克

材料

檸檬 1 個

無花果 400 克

白砂糖 200 克

做法

1. 新鮮無花果洗乾淨，對半切開。
2. 切好的無花果放入鍋中，加入白砂糖。
3. 開火熬煮，並不斷攪拌至果肉溶爛，擠入檸檬汁。
4. 擦入檸檬皮屑，繼續攪拌至黏稠即可。

美味小訣竅

無花果皮不需要去掉，如果難以熬爛，可以用手持式攪拌器打爛。

枇杷雪梨醬

烹飪時間：30 分鐘

可冷藏 2 個月

約 250 克

材料

枇杷 100 克

雪梨 300 克

白砂糖 200 克

檸檬半個

做法

1. 枇杷去皮、核，切成小塊。
2. 雪梨去皮、核，切成小塊。
3. 切好的枇杷塊、雪梨塊放入鍋中，加入白砂糖。
4. 開火熬製。
5. 期間不斷攪拌。
6. 擠入檸檬汁，繼續攪拌至黏稠即可。

美味小訣竅

可適當加入蜂蜜，增加黏稠度的同時，增強潤肺的效果。

榴槤青椰醬

烹飪時間：30 分鐘

可冷藏 2 個月

約 250 克

材料

青椰 1 個
榴槤肉 300 克
白砂糖 200 克

做法

1. 青椰劈開，倒出椰汁。
2. 取出果肉，放入鍋中。
3. 榴槤取出果肉，放入鍋中，加入椰肉、白砂糖。
4. 開火熬製，並不斷攪拌。
5. 倒入 100 毫升椰汁，繼續攪拌。
6. 煮至收水，呈黏稠狀即可。

美味小訣竅

青椰果肉可稍微切細，不需煮至溶爛，略微有些顆粒口感會更好。

Jam
第四章
浪漫花草
鮮花香草的別樣情懷

洛神花火龍果果醬

烹飪時間：60 分鐘

可冷藏 2 個月

約 500 克

材料

火龍果 600 克

乾洛神花 5 克

白砂糖 200 克

做法

1. 火龍果去皮，切成塊。
2. 火龍果塊放進鍋中，加入白砂糖，中小火加熱。
3. 待火龍果塊煮至半透明狀，加入洗淨的乾洛神花。
4. 繼續熬煮至黏稠，用筷子將洛神花挑出即可。

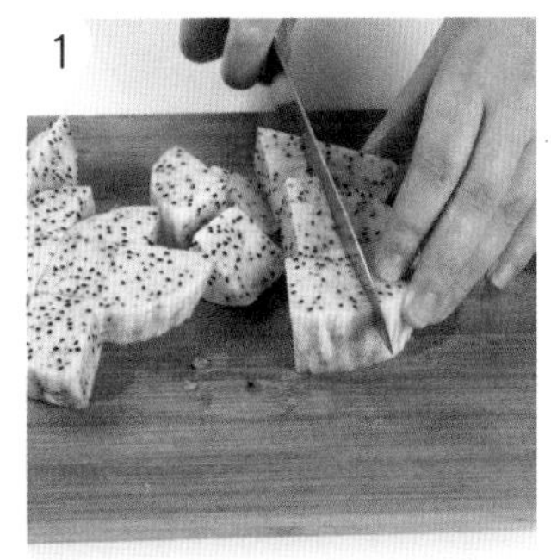

美味小訣竅

洛神花也可以放進隔渣袋內與果醬一起熬煮，煮好後再撈出，使用更方便。

玫瑰雪梨果醬

烹飪時間：50 分鐘

可冷藏半個月

約 450 克

材料

雪梨 600 克

乾玫瑰花 8 克

麥芽糖 150 克

白砂糖 100 克

檸檬 1 個

做法

1. 將雪梨去皮、核，切塊。
2. 一起放進鍋中，加入白砂糖熬煮。
3. 擠入檸檬汁，加入去除花蒂的乾玫瑰花拌煮；加入麥芽糖，轉小火繼續熬煮，熬煮時必須不停地攪拌。
4. 用手持式攪拌器打爛，繼續拌煮至醬呈濃稠狀即可。

美味小訣竅

如果不喜歡有顆粒的口感，可以把雪梨切粒後全部用攪拌器打成泥狀再熬煮。

迷迭香青提子醬

營養成分

迷迭香含有鼠尾草酸、鼠尾草酚、迷迭香酚、熊果酸、迷迭香酸等抗氧化成分，具有鎮靜安神、醒腦等作用，對消化不良有一定的改善作用。

烹飪時間：60 分鐘

可冷藏 2 個月

約 300 克

材料

青葡萄（青提子）500 克
迷迭香 2 克
白砂糖 150 克
青檸 2 顆

做法

1. 青提子洗淨，對半切開。
2. 洗淨的青提子放入鍋中，加白砂糖。
3. 擠入一顆青檸汁，拌勻醃漬半小時。
4. 醃漬完畢後，開火熬煮。
5. 煮至出水，加入迷迭香。
6. 煮至黏稠時，再擠入另一顆青檸汁即可。

美味小訣竅

如果不喜歡迷迭香的口感，可用隔渣袋裝起來一同熬製，煮好後再將其撈出棄掉即可。

薄荷奇異果醬

烹飪時間：60 分鐘

可冷藏 2 個月

約 450 克

材料

奇異果 600 克

白砂糖 200 克

薄荷葉 5 克

檸檬半個

做法

1. 奇異果去皮，切塊。
2. 加入薄荷葉。
3. 用手持式攪拌器將奇異果塊及薄荷葉打碎。
4. 加入白砂糖，中小火加熱至溶化。
5. 煮至收汁時，擠入檸檬汁。
6. 繼續熬煮並不斷攪拌，煮至黏稠狀態即可。

美味小訣竅

如果想讓果醬更濃稠，可以適當加點麥芽糖。

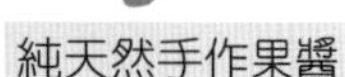

茉莉蘋果醬

烹飪時間：60 分鐘

可冷藏 1 個半月

約 450 克

材料

青蘋果 600 克

茉莉花 5 克

白砂糖 100 克

檸檬半個

做法

1. 青蘋果洗乾淨，去皮、核，切塊。
2. 青蘋果塊用手持式攪拌器打成泥狀。
3. 將青蘋果泥放入鍋中，加入白砂糖，中火煮開。
4. 待白砂糖完全溶化後，加入茉莉花，擠入檸檬汁，繼續攪拌至濃稠即可。

美味小訣竅

若想讓果醬口感更有層次，可將一半分量打成果泥，一半分量切成 1cm 方形的小塊，再一起煮。

菊花雪梨果醬

烹飪時間：40 分鐘

可冷藏 2 個月

約 450 克

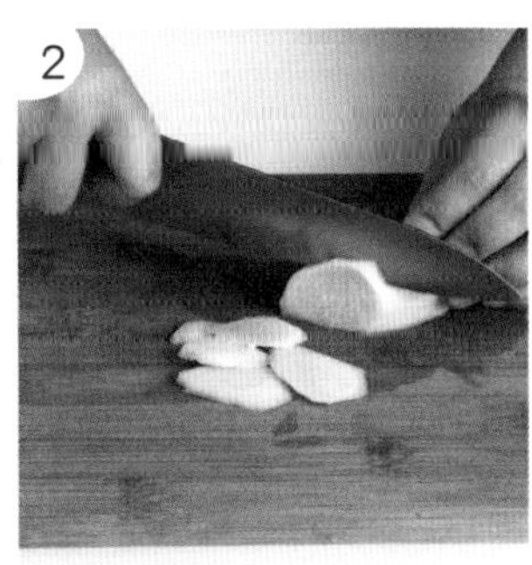

材料

雪梨 600 克

乾菊花 5 克

白砂糖 150 克

生薑 30 克

鹽 3 克

做法

1. 雪梨洗淨，去皮、核，切塊。
2. 生薑去皮，切片。
3. 將處理好的雪梨塊放進鍋中，加入白砂糖，中火煮至沸騰，加入少許鹽，不斷攪拌。
4. 煮至收汁時，用手持式攪拌器將雪梨塊及薑片打爛。
5. 將乾菊花切碎，加入鍋中，繼續熬煮。
6. 不斷攪拌，煮至黏稠即可裝瓶。

美味小訣竅

雪梨和菊花都偏寒涼，但加上生薑剛好中和，變成可口又潤肺的菊花雪梨醬了。不需要花巧的搭配，只需開水沖泡開，就可以給肺部「洗洗澡」了。

薰衣草哈密瓜醬

烹飪時間：40 分鐘

可冷藏半個月

約 450 克

材料

哈密瓜 600 克

薰衣草 10 克

白砂糖 250 克

做法

1. 哈密瓜去皮，切小塊。
2. 哈密瓜塊入鍋，放白砂糖，中小火熬製。
3. 煮至收汁時，用手持式攪拌器稍稍攪拌。
4. 加入薰衣草，略煮即可。

美味小訣竅

可適當加入蜂蜜，味道更甜蜜。

薰衣草蜜橙醬

烹飪時間：60 分鐘

可冷藏 1 個半月

約 450 克

材料

橙 600 克

白砂糖 200 克

薰衣草 5 克

檸檬半個

做法

1. 將橙外皮洗淨，切瓣，取出果肉，切粒。
2. 將橙皮去掉白色部分，切細絲，清水浸泡。
3. 鍋中倒入果肉，加入白砂糖、橙皮絲，用小火慢慢熬煮，期間用匙子稍稍攪拌幾下，以免糊鍋。
4. 湯汁慢慢收濃後，擠入檸檬汁，加入薰衣草，熬至果醬變得濃稠透亮即可。

美味小訣竅

若不喜歡橙皮的苦澀味道，在橙皮浸泡片刻後，入沸水鍋焯煮兩次，可去除橙表皮的苦澀味道。

雲呢拿芒果醬

營養成分

雲呢拿條是一種非常名貴的香料，含有香草醇、茴香醛、香子蘭素等成分，具有開胃、除脹、健脾、養顏等功效。

烹飪時間：60 分鐘

可冷藏 2 個月

約 450 克

材料

芒果 700 克

白砂糖 250 克

雲呢拿條 1 根

檸檬半個

做法

1. 芒果去皮、核，將芒果肉切成小塊。
2. 將處理好的芒果塊放進鍋中。
3. 加入白砂糖，加入剖開的香草籽和雲呢拿條，攪拌均勻。開大火燒開後轉中小火慢慢熬。
4. 當果醬熬至黏稠時，擠入檸檬汁。繼續熬煮 5~10 分鐘，使果醬黏稠油亮、充滿果膠。挑出雲呢拿條，趁熱將果醬裝入消毒好的瓶中，擰緊瓶蓋倒扣至涼，然後放冰箱冷藏保存。

美味小訣竅

果醬熬製最好要熬煮濃一點，如果水分太多保質期會縮短。

香茅士多啤梨醬

營養成分

香茅含有豐富的維他命、鈣、鎂等物質，用它泡茶喝或調入果醬，有健胃、消脂、滋潤皮膚的作用，是女性養顏美容不可或缺的好香草。

烹飪時間：60 分鐘

可冷藏 2 個月

約 450 克

材料

士多啤梨 700 克
白砂糖 250 克
香茅 1 根
水 300 毫升

做法

1. 士多啤梨去蒂洗淨，切小塊。
2. 放入鍋中，加白砂糖，中火熬煮。
3. 香茅捆好，放入鍋中一同熬煮。
4. 熬至士多啤梨軟爛黏稠，將香茅挑出即可。

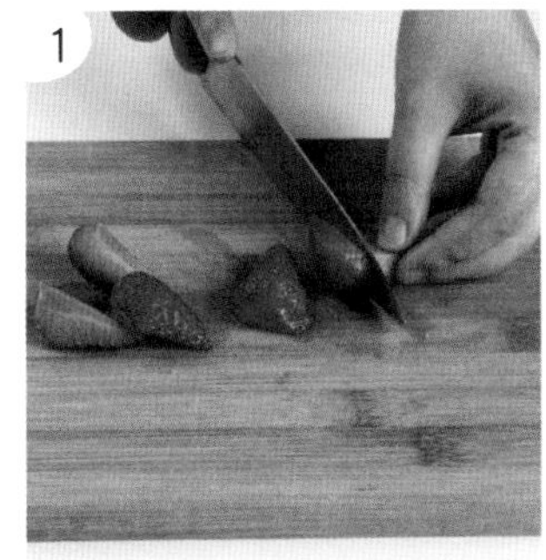
1

2

3

4

美味小訣竅

煮好後需把香茅挑出，以免影響口感。

香茅哈密瓜醬

烹飪時間：40 分鐘

可冷藏 2 個月

約 450 克

材料

哈密瓜 800 克

白砂糖 300 克

香茅 3 克

做法

1. 哈密瓜洗淨去皮，切小塊。
2. 放入鍋中，加白砂糖，中火熬煮。
3. 香茅捆好，放入鍋中一同熬煮。
4. 熬至哈密瓜軟爛黏稠，將香茅挑出即可。

美味小訣竅

哈密瓜熬爛需要較長時間，如果沒有時間，也可以先用料理機把甜瓜打爛再熬煮。

桂皮甜橙醬

烹飪時間：30 分鐘

可冷藏 2 個月

約 400 克

材料

橙 600 克

白砂糖 250 克

檸檬半個

肉桂皮 3 克

做法

1. 將橙清洗乾淨，果肉取出，切粒備用。
2. 將橙皮切絲，放熱水中焯煮兩次，備用。
3. 白砂糖、橙肉入鍋，中小火熬煮。
4. 加入肉桂皮，繼續熬煮。
5. 擠入檸檬汁，繼續攪拌熬煮至果醬呈濃稠狀。
6. 挑出肉桂皮，將果醬裝入玻璃瓶內，放入冰箱冷藏即可。

美味小訣竅

橙皮要儘量去除白色部分，切絲後在熱水中焯煮兩次，可去掉苦澀味。

第五章

濃鬱酒香

美酒鮮果的異域情調

烹飪時間：45 分鐘

可冷藏 1 個月

約 450 克

營養成分

紅酒含有較多的抗氧化劑，如酚化物、黃酮類物質、維他命 C、維他命 E 等，能幫助消除或對抗氧自由基，使皮膚少生皺紋，達到美容養顏的效果。

紅酒雪梨醬

材料

雪梨 700 克

檸檬 1 個

白砂糖 200 克

紅酒 50 毫升

百里香 3 克

做法

1. 雪梨洗淨，去皮，切成小塊。
2. 將切好的雪梨塊放置鍋中，加入白砂糖。
3. 倒入紅酒，開火煲煮。
4. 加入洗淨的百里香。
5. 不斷攪拌，擠入檸檬汁，並用勺子把果肉壓爛，煮至黏稠即可。

紅酒蘋果果醬

烹飪時間：60 分鐘

可冷藏 2 個月

約 250 克

材料

蘋果 300 克

白砂糖 200 克

乾紅葡萄酒 15 毫升

做法

1. 蘋果洗淨，去皮，切塊。
2. 放入鍋中，倒入白砂糖。
3. 倒入乾紅葡萄酒，開火煲煮。
4. 用手提攪拌器打爛蘋果，拌勻，煮至濃稠即可。

美味小訣竅

這款果醬最好選用乾紅葡萄酒，其味道稍微濃些，做出來的味道更好。

薄荷酒西柚奇異果醬

烹飪時間：60 分鐘

可冷藏 2 個月

約 400 克

材料

奇異果 300 克

西柚 200 克

檸檬 1 個

白砂糖 250 克

薄荷酒 50 毫升

做法

1. 奇異果去皮，去白芯，切小塊。
2. 西柚去皮，取果肉。
3. 處理好的水果放入鍋，加入白砂糖，開火熬煮。
4. 倒入薄荷酒拌勻，煮至收汁時，擠入檸檬汁即可。

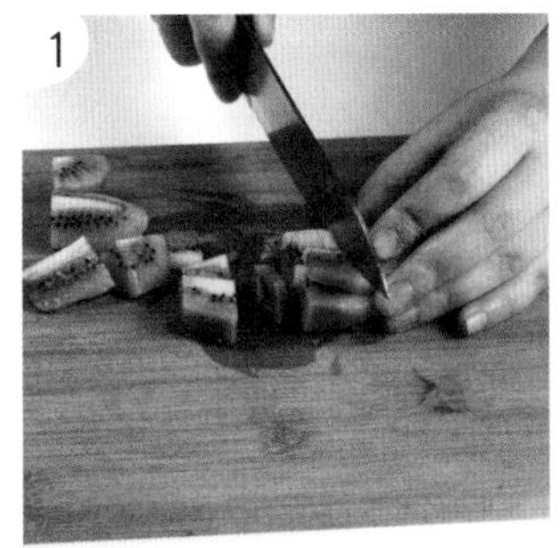

2

美味小訣竅

如喜歡酒味重一點的，可以酌量多加一點薄荷酒。

百利甜焦糖菠蘿醬

烹飪時間：40 分鐘

可冷藏 1 個半月

約 400 克

材料

菠蘿 500 克

白砂糖 200 克

淡忌廉 50 毫升

百利甜酒 30 毫升

做法

1. 菠蘿洗淨，切塊。
2. 白砂糖放入鍋，煮至焦糖色。
3. 放入菠蘿塊，倒入百利甜酒，不斷攪拌熬煮。
4. 倒入淡忌廉。
5. 煮至黏稠即可。

美味小訣竅

如果喜歡雲呢拿的味道，可加入雲呢拿條調味。

冧酒藍莓醬

營養成分

口感甜潤的冧酒搭配果肉細膩的藍莓，口感芬芳、酸甜適度。其中特有的花青素抗氧化成分有改善皮膚彈性、袪除色斑、美白肌膚的功效。

烹飪時間：30 分鐘

可冷藏 2 個月

約 200 克

材料

藍莓 300 克

檸檬半個

白砂糖 100 克

冧酒 70 毫升

做法

1. 藍莓洗淨，瀝乾水分，倒入鍋中。
2. 倒入冧酒，大火煮開。
3. 煮至沸騰時加入白砂糖。
4. 中火熬煮至白砂糖完全溶化，擠入檸檬汁，攪拌繼續煮至果醬黏稠，略煮後關火。

美味小訣竅

煮時注意隨時攪拌，防止黏底，並撇去浮沫。

薰衣草冧酒西柚醬

烹飪時間：60 分鐘

可冷藏 2 個月

約 450 克

材料

西柚 700 克
冧酒 50 毫升
白砂糖 300 克
檸檬半個
薰衣草 3 克

1

2

3

4

做法

1. 西柚剝開去皮，取果肉。
2. 處理好的西柚果肉放入鍋，加入冧酒。
3. 放入白砂糖，用中火煮開。
4. 不斷攪拌，至西柚出水，倒入薰衣草，擦入檸檬皮，煮至濃稠即可。

美味小訣竅

擦入適量檸檬皮一起煮，增加風味，豐富口感。

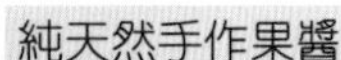

威士忌百香青蘋果醬

⏱ 烹飪時間：45 分鐘

可冷藏 1 個月

約 450 克

材料

青蘋果 600 克
百香果肉 80 克
檸檬 1 個
白砂糖 200 克
威士忌 30 毫升

做法

1. 青蘋果洗淨，去皮，切塊，放入鍋內。
2. 加入百香果果肉。
3. 放入白砂糖，開火煲煮。
4. 倒入威士忌，不斷攪拌熬煮。
5. 果肉煮爛後，擠入檸檬汁。
6. 繼續煮至黏稠即可。

美味小訣竅

在煲煮過程中用勺子把果肉壓爛，可縮短烹調時間。

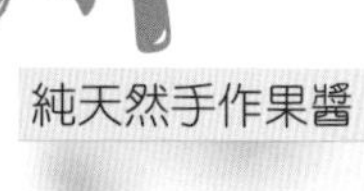

白蘭地香蕉醬

烹飪時間：60 分鐘

可冷藏 2 個月

約 450 克

材料

香蕉 300 克
白蘭地 10 毫升
白砂糖 150 克
淡忌廉 200 毫升
雲呢拿條 1 支

做法

1. 香蕉去皮、切段，放入鍋中。
2. 雲呢拿條去籽、切段，放入鍋內。
3. 加入白砂糖，開火煲煮。
4. 加入白蘭地，攪拌均勻。
5. 下淡忌廉，繼續攪拌熬煮。
6. 取出雲呢拿條，煮至黏稠即可裝瓶冷藏。

美味小訣竅

可加入適量鹽調味，味道更佳。

提子白蘭地果醬

烹飪時間：60 分鐘

可冷藏 2 個月

約 350 克

材料

提子 500 克

白蘭地 15 毫升

白砂糖 300 克

檸檬半個

做法

1. 提子洗淨，瀝乾水分，對半切開，去籽，放入鍋內。
2. 加入白砂糖及白蘭地，開火熬煮。
3. 不斷攪拌，以防黏鍋。
4. 擠入檸檬汁，煮至黏稠即可。

美味小訣竅

可加入一些麥芽糖，做出來的果醬更黏稠。

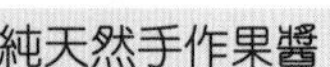

香檳番石榴果醬

烹飪時間：60 分鐘

可冷藏 2 個月

約 450 克

材料

番石榴 700 克
白砂糖 200 克
迷迭香 2 克
香檳酒 80 毫升

做法

1. 番石榴洗淨，去皮，切塊，放入鍋內。
2. 加入白砂糖及香檳酒，開火熬煮，並不斷攪拌。
3. 煮至出水時，加入迷迭香，繼續煮至黏稠即可。

1

2

3

美味小訣竅

烹調過程期間必須不斷攪拌，以免黏鍋，影響口感。

酒香哈密瓜果醬

烹飪時間：60 分鐘

可冷藏 2 個月

約 400 克

材料

哈密瓜 500 克

白砂糖 300 克

香檳 80 毫升

做法

1. 哈密瓜洗淨，去皮，切塊，放入鍋內。
2. 加入白砂糖及香檳。
3. 開火，煮至黏稠即可關火。

美味小訣竅

哈密瓜很難煮爛，可用攪拌器略打爛再熬煮。

Jam

第六章

果醬的美味搭配

番茄醬

⏱ 烹飪時間：90 分鐘

可冷藏 2 個月

約 350 克

材料

番茄 500 克

白砂糖 100 克

鹽 5 克

檸檬半個

做法

1. 將洗淨的番茄切十字花刀，放入熱水鍋略燙，撈出，去皮。
2. 去皮後的番茄去蒂，切成大塊。
3. 番茄塊放入鍋內，用手提攪拌器打碎。
4. 將番茄汁倒入鍋，加入白砂糖，煮開後轉小火。
5. 煮至黏稠時，灑入適量鹽。
6. 擠入檸檬汁繼續攪拌，再煮 5 分鐘即可。

美味絕配
番茄醬＋薯條
吃薯條總少不了番茄醬，
薯條與番茄醬的搭配簡
直是美食界天造地設的
一對。自己手作的番茄
醬，更別有一番風味！

百里香玫瑰提子醬

⏱ 烹飪時間：50 分鐘

可冷藏 2 個月

約 450 克

材料

提子 600 克

乾玫瑰花瓣 10 克

檸檬半個

白砂糖 180 克

百里香 3 克

做法

1. 提子洗淨，對切，去籽。
2. 提子果肉放入鍋內，加入白砂糖。
3. 中火煮開，不時攪拌。
4. 加入百里香並攪拌，擠入檸檬汁，攪拌均勻。
5. 乾玫瑰花去花蒂，捏碎，撒入鍋內。
6. 轉小火慢煮，並不斷攪拌，煮至黏稠關火，裝入瓶內。

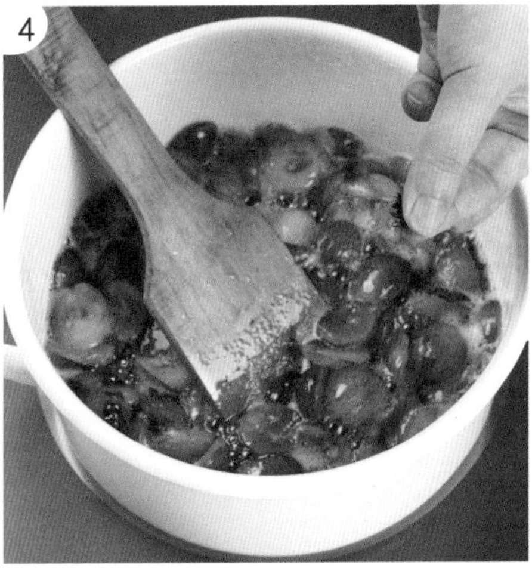

營養成分

百里香的主要成分為百里香酚、香荊芥酚、芹菜素、柚皮素等多種化合物，具有抗疲勞和減輕精神壓力的作用。

美味絕配

百里香玫瑰葡萄醬 + 牛奶布甸

牛奶布甸雖然香醇好吃，但總覺得缺少了甚麼，何不舀上一小匙新製的百里香玫瑰葡萄醬？奶味與鮮果、花草的搭配，一定讓你滿意。

烹飪時間：30 分鐘

可冷藏 2 個月

約 450 克

1

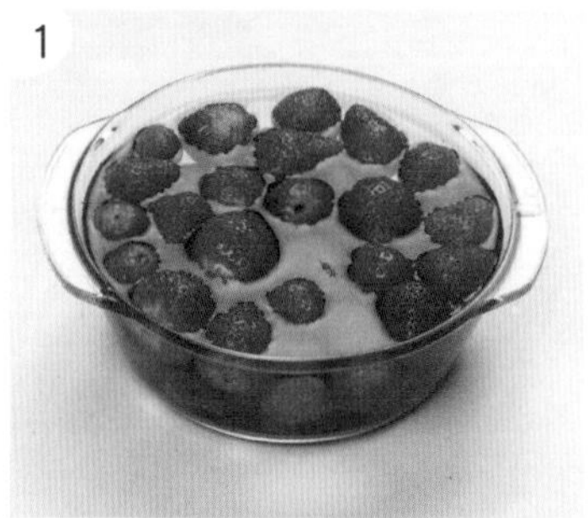

2

3

4

桂花士多啤梨醬

美味絕配

桂花士多啤梨醬 + 歐式麵包

士多啤梨的酸甜加上桂花的清香，抹在營養豐富的切片歐式麵包上，每一口都是滿足。

材料

士多啤梨 500 克
白砂糖 180 克
乾桂花 3 克
鹽水 400 毫升

做法

1. 士多啤梨用鹽水浸泡約 15 分鐘；乾桂花用水略浸泡。
2. 將泡好的士多啤梨去蒂，瀝乾表皮水分，撒上白砂糖，待 10 分鐘。
3. 將醃漬的士多啤梨、桂花倒入鍋內。
4. 大火煮士多啤梨，邊煮邊用勺子攪動，防止黏鍋，煮至士多啤梨軟爛。準備已消毒的瓶子，放涼後裝瓶密封即可。

紅糖桂花山楂醬

烹飪時間：50 分鐘

可冷藏 2 個月

約 150 克

材料

新鮮山楂 200 克

桂花 3 克

紅糖 80 克

白砂糖 80 克

做法

1. 新鮮山楂洗淨，去核，切小塊。
2. 山楂塊放入鍋內，加入白砂糖。
3. 大火煮開，轉小火煮至山楂塊軟爛。
4. 攪拌煮片刻後，加入紅糖。
5. 繼續用小火煮至紅糖溶化、果醬黏稠。
6. 倒入洗淨的桂花，攪拌均勻即可。

營養成分

紅糖含有氨基酸、纖維素等營養成分，具有美容護膚的功效，同時蘊含的鐵質更有補血之作用。

1

2

3

4

5

6

美味搭配

紅糖桂花山楂醬＋吐司

果醬最經典的吃法當然是塗抹在吐司當早餐，以新鮮、健康和甜蜜開啓美好的一天。

烹飪時間：60 分鐘

可冷藏 2 個月

約 450 克

1

2

3

美味絕配

迷迭香菠蘿醬 + 椰奶

熱帶水果菠蘿配搭神秘的迷迭香，再搭上一杯濃郁熱帶氣息的椰奶，讓你彷彿置身於迷人的陽光沙灘。

4

5

迷迭香菠蘿醬

材料

菠蘿 700 克
白砂糖 250 克
迷迭香 3 克

做法

1. 菠蘿處理好，切成小塊。
2. 菠蘿塊放入鍋內，加入白砂糖，開火熬煮。
3. 煮至出水時，加入迷迭香。
4. 繼續煮至變色，用手提攪拌器打成果泥。
5. 拌煮至黏稠，繼續煮 5 分鐘即可。

薄荷檸檬醬

材料
檸檬 300 克
薄荷 5 克
鹽 3 克
白砂糖 200 克

烹飪時間：90 分鐘
可冷藏 3 個月
約 200 克

做法
1. 檸檬切開，取出果肉，去核，切片。
2. 檸檬片去掉白色內膜，切成細絲，浸鹽水 1 小時後撈出。
3. 薄荷洗淨，切碎備用。
4. 檸檬片放入鍋內，加入白砂糖，用小火熬煮。
5. 放入薄荷碎，煮時不斷攪拌。
6. 放入檸檬皮，煮至果肉溶爛、黏稠即可。

1
2
3
4
5
6

美味絕配

薄荷檸檬醬＋紅茶

清爽的薄荷檸檬醬與醇香的紅茶看似不搭配，但兩者遇上了卻別有一番風味。將薄荷檸檬紅茶冰鎮片刻，變成自製的美味檸香冰紅茶。

⏱ 烹飪時間：30 分鐘

可冷藏 2 個月

約 300 克

桂皮金橘醬

美味絕配

桂皮金橘醬＋綠茶

桂皮金橘醬不僅好吃，更有緩解咳嗽的功效。加在綠茶裏，增添不少美味口感。

材料

金橘 500 克
白砂糖 200 克
桂皮 2 克
蜂蜜 30 克
水 100 毫升
鹽 3 克

做法

1. 金橘洗淨，對半切開，去籽。
2. 將處理好的金橘放入鍋，加入白砂糖及少量水。
3. 放入桂皮，煮至沸騰，再加少量鹽調味。
4. 煮至濃稠，取出桂皮，用手提攪拌器略打爛，加入蜂蜜調勻，即可裝入瓶子儲存。

白葡萄酒雙莓果醬

材料

士多啤梨 300 克

藍莓 200 克

檸檬半個

白砂糖 170 克

雲呢拿條 2 克

白葡萄酒 10 毫升

烹飪時間：60 分鐘

可冷藏 2 個月

約 400 克

做法

1. 士多啤梨去蒂，洗淨，對半切開；藍莓洗淨。
2. 士多啤梨及藍莓放入鍋內。
3. 雲呢拿條去籽，切小段，放入鍋內。
4. 倒入白砂糖、白葡萄酒，煮至沸騰。
5. 擠入適量檸檬汁。
6. 不斷攪拌，繼續煮至稀爛呈黏稠狀態即可。

1
2
3
4
5
6

美味絕配

白葡萄酒雙莓果醬 + 杯子蛋糕

這款果醬風味極佳，搭配自製的杯子蛋糕，是一頓完美的下午茶。

烹飪時間：50 分鐘

可冷藏 2 個月

約 450 克

美味絕配

薄荷酒黑加侖子果醬 + 忌廉蛋糕

忌廉蛋糕好吃但易膩，然而加上有薄荷酒清香的黑加侖子果醬，會讓你吃到停不下來！

薄荷酒黑加侖子果醬

材料

黑加侖子 600 克
白砂糖 200 克
檸檬半個
薄荷酒 15 毫升

做法

1. 黑加侖子洗淨，放入鍋內，加入白砂糖。
2. 倒入薄荷酒拌勻，開火熬煮。
3. 不斷攪拌，煮至出水。
4. 擠入檸檬汁，繼續攪拌煮至果醬濃稠即可。

法式藍莓甜酒果醬

烹飪時間：60 分鐘

可冷藏 2 個月

約 450 克

材料

藍莓 600 克

白砂糖 250 克

檸檬半個

牛油 30 克

百利甜酒（Baileys Irish Cream）15 毫升

淡忌廉 50 毫升

做法

1. 牛油放入鍋內加熱至溶化。
2. 藍莓洗淨，放入鍋內。
3. 加入白砂糖，攪拌均勻。
4. 倒入百利甜酒，開火熬煮。
5. 加入淡忌廉，充分拌勻。
6. 不斷攪拌，並擠入檸檬汁，煮至黏稠即可。

1
2
3
4
5
6

營養成分

百利甜酒的酒精度不高，口味偏甜，含有一定的熱量、蛋白質和碳水化合物，有促進食物消化、開胃的作用。

美味絕配

法式藍莓甜酒果醬 + 沙冰

法式浪漫的甜酒果醬，加上清新的沙冰，令藍莓的風味發揮得淋漓盡致。

威士忌柑橘果醬

烹飪時間：30 分鐘

可冷藏 2 個月

約 450 克

材料

柑橘 600 克
白砂糖 200 克
威士忌 15 毫升
檸檬半個

做法

1. 柑橘去皮，取果肉，放入鍋內。
2. 加入白砂糖及威士忌，拌勻。
3. 用中火熬煮，擠入適量檸檬汁。
4. 不斷攪拌，待收汁呈黏稠狀即可。

1

2

3

4

美味絕配

威士忌柑橘果醬 + 刨冰

剛打好的刨冰，點綴鮮艷的柑橘果醬，是視覺的享受，更是味覺的盛宴。

烹飪時間：60 分鐘

可冷藏 2 個月

約 200 克

美味絕配

柑橘紅茶酒香果醬 + 雪糕

這個果醬風味極佳，百吃不膩，而且可配搭多款美食，最美味的吃法是倒在冰涼的雪糕上，用匙子一口一口地品嘗層次分明的美味吧！

柑橘紅茶酒香果醬

材料

柑橘 300 克
西柚 100 克
紅茶葉 3 克
柳丁酒 10 毫升
白砂糖 200 克
熱水 200 毫升

做法

1. 柑橘、西柚分別去皮，取果肉，放入鍋內。
2. 紅茶葉用熱水泡好，備用。
3. 所有果肉放入鍋內，加入白砂糖，開火熬煮。
4. 倒入柳丁酒，不斷攪拌熬煮。
5. 煮至略黏稠時，倒入紅茶水，濾掉茶葉，繼續煮至黏稠即可。

作者

MIKI

責任編輯

簡詠怡　嚴瓊音

美術設計

馮景蕊

排版

劉葉青

出版者

萬里機構出版有限公司
香港北角英皇道499號北角工業大廈20樓
電話：2564 7511
傳真：2565 5539
電郵：info@wanlibk.com
網址：http://www.wanlibk.com
http://www.facebook.com/wanlibk

發行者

香港聯合書刊物流有限公司
香港新界大埔汀麗路36號
中華商務印刷大廈3字樓
電話：（852）2150 2100
傳真：（852）2407 3062
電郵：info@suplogistics.com.hk

承印者

中華商務彩色印刷有限公司
香港新界大埔汀麗路36號

出版日期

二零二零年一月第一次印刷

ISBN 978-962-14-7172-7

不過隨着時間推移，一些曾經流行一時的說法已經漸漸被人淡忘；許多依然留在人們口邊的詞彙，大家也已經不知道它的出處，更別說背後的故事了。

而這些詞語和典故，正是構成粵語文化的一個重要部分，失去了這些特色，粵語的獨特風格和吸引力就欠缺了幾分。

為了讓更多朋友能夠了解粵語裏這些文化和知識，我們嘗試用「小故事、插圖、音頻」的形式，為大家將這些散落的珍珠匯聚串聯起來，希望通過閱讀一系列《粵語有段古》，能夠讓大家對粵語有多一分認識，也增添多一分興趣。

目錄

生活篇

哲理篇

有風駛盡艃

有風駛盡艃的「艃」，在古漢語裏原為一種船的名稱，後來泛指一般的船隻。有人認為此處應是「𢃇」字，指風帆之意。

古代的船大都靠風力行駛，順風的時候航行起來自然輕鬆愉快，如果沒有風甚至逆風，那就舉步維艱了。所以，趁着順風的時候揚盡風帆全速前進，就是所謂的「有風駛盡艃」。

不過這個「有風駛盡艃」，在粵語裏卻是個貶義詞，往往用於形容人一朝得志後為所欲為，肆無忌憚不知收

形容人一朝得志後為所欲為，肆無忌憚不知收斂的意思。

斂的意思。在日常使用的時候，通常用於警告他人：「喂，你唔好有風駛盡艃喎！」

原來，中國人講究物極必反，認為盈不可久，做事不可太盡。即使遇到順風順水的時候，也要注意不能肆無忌憚，應該保持適度的警惕和謙遜，正如開船航行，即使遇到順風，也不能走得太快，以免船失控遭遇危險。

所以，在粵語裏「有風駛盡艃」並不是順勢而為的意思，而是為所欲為，暗藏風險之意。大家可要記住，有風，都唔好駛盡艃啊！

按二維碼聽有聲故事

食得鹹魚抵得渴

做人做事不能夠心存僥倖，要對事情的後果有所準備。

廣東地區地處沿海，江河又多，以前很多居民都以打魚維生。因為鮮魚保質期短，時間一長就容易變壞，所以很多人就會醃製鹹魚，以便長時間保存，並且發展出各種風味的鹹魚。漸漸地，鹹魚成了廣東地區一種重要的食材，鹹魚蒸肉餅更是家常菜之一。

不過，鹹魚雖然好味，但因為味道太鹹，一般都是用來伴飯吃，空口吃的話很容易口渴。「食得鹹魚抵得渴」這句俗語，就正是從吃鹹魚的過程中體會出來的人生哲理。

西諺有云：「欲戴皇冠，必承其重」，意思是做任何事都會有代價。正如鹹魚雖然美味，但吃鹹魚就要抵受鹹味帶來的口渴後果。做人做事不能夠心存僥倖，要對事情的後果有所準備。這個道理，不論古今中外，都是一致的。

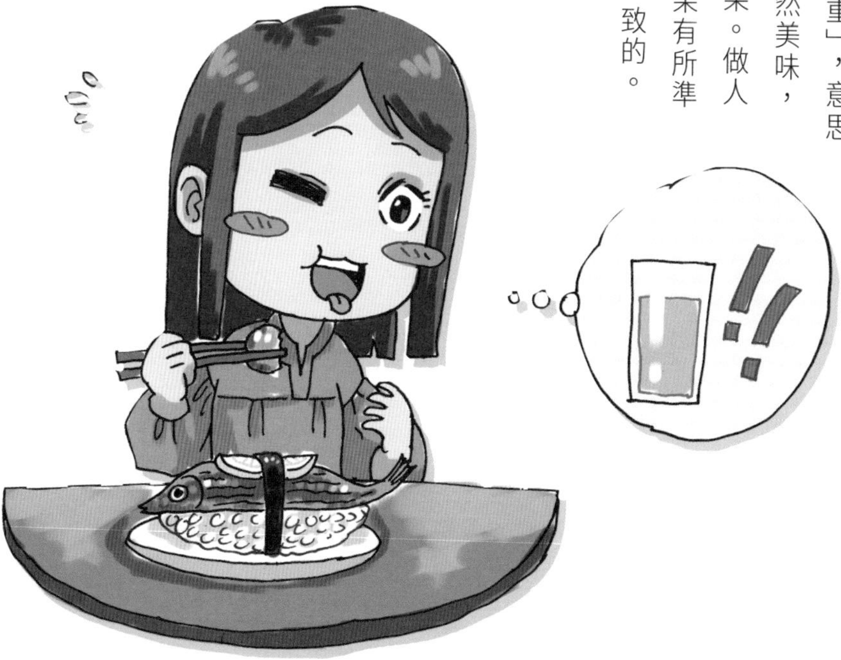

同。枱。食。飯。，各。自。修。行。

粵語釋義

在同一個環境之中，每個人各自努力，各有發展；或指各做各的事，沒合作的必要。

在粵語裏，有些俗語應用在不同的場景之中，往往有着不同的含義。例如「同枱食飯，各自修行」這句頗有禪意的話，針對不同的情況，就有不同的意味。

所謂修行，是佛教的用語，指的是信徒為了擺脫塵世的欲望而進行的修煉。所以「同枱食飯，各自修行」，指的是雖然在同一個環境之中，但每個人各自努力，各有發展的意思。

另一方面，這句話有時會用作爭拗之用，例如兩個人在做一件事的時候合作不來，就會說：「同枱食飯，各自修行」，意思就是我們各做各的，沒必要合作了。

此外，這個詞也可以用來排解紛爭。例如以前大家庭一家人坐在一起吃飯，有時難免有爭吵，老人家就會勸解道：「同枱食飯，各自修行啦，唔好吵咁多啦，家和萬事興啊！」這句話在這裏，則叫大家管好自己的事，不要太多過問別人的意思。

按二維碼聽有聲故事

行船走馬三分險

人生在世，難免會遇到風險，但如何看待和掌控風險，卻因人而異。對於風險的態度，往往決定了事情的成敗。

出來做事，難免會有風險，接下來如何對待，就各有各的態度了。

有一句廣府俗語，老人家經常說到的是「行船走馬三分險」，說的正是出來做事，難免會有風險的道理；但接下來如何對待，就各有各的態度了。例如老人家說這句話的時候，往往着意提醒年輕人，告訴他們做事要謹慎，千萬不要隨便冒險。

而比較進取的年輕人說這句話的時候，表達的往往是既然凡事皆有風險，那總不能甚麼都不做，不冒險那有成功的機會？

所以即使是同一句俗語，如何理解和把握，還是要看個人的態度。

按二維碼聽有聲故事

無聲狗，咬死人

有的人遇到事情就大呼小叫，但其實對人並無惡意；有的人平時不聲不響，但有機會就置人於死地。

養狗或喜歡狗的朋友都知道，狗有很多不同的種類，各有不同的特點。有的狗看起來很大很兇，但其實性格溫順；有的狗表面上不太亂吼亂叫，但其實性情兇猛，一不小心容易傷人。

在我們日常工作生活之中，也會有各種各樣性格的人，有的人性格比較急躁張揚，一遇到事情就大呼小叫，但其實心地不壞，對人並無惡意；有的人平時不露聲色，不聲不響，但其實暗藏禍心，一遇到機會就置人於死地。對於這種人，粵語裏稱為「無聲狗，咬死人」，意思是說這類人就像那些不太喜歡亂叫，但其實容易傷人的狗一樣。遇到這樣的人，千萬要打起精神，不要被他們表面的形象蒙蔽。

瘦。田。冇。人。耕。，耕。開。有。人。爭。

粵語釋義

因為貪念而進行非理性競爭的心態。

在粵語的俗語和俚語裏，有不少看起來很通俗接地氣，但實際上暗藏十分深刻的道理，對人性的觀察十分到位。例如「瘦田冇人耕，耕開有人爭」這句話，就很形象地刻劃出人性中，因為貪念而進行非理性競爭的心態。

一塊貧瘠的田地，本來沒有人願意耕種，但如果忽然有人跑去耕種，其他人的心理就會發生變化，他們會覺得別人願意耕種這塊瘦田，說不定是有甚麼不為人知的利益，於是也就爭先恐後地去搶着耕種，很容易形成惡性競爭。

當然，如果這塊瘦田經過率先耕種者的努力，逐漸變得肥沃起來，有所收成，那麼這個時候，搶着來分一杯羹的人自然就更多了。這種情況，對於那些率先努力開荒的人來說，當然是很大的打擊。

刀仔鋸大樹

做人做事想要獲得成功，有很多不同的途徑和方法，有的人衝擊力強一蹴而就，有的人則耐力持久，日子有功也能有一番成就。對於那些通過細小而持續的努力，試圖去獲取成功的做法，粵語裏有個很形象化的說法，叫做「刀仔鋸大樹」。

砍伐大樹，一般來說當然要用鋸、斧頭等大型工具，而用小刀來鋸大樹，自然是很困難，也很難成功，甚至是一件很傻的事。但廣東人向來講求實幹，認為不積跬步無以至千里，只要願意努力堅持，日拱一卒，積少成

通過細小而持續的努力，試圖獲取成功的做法。

多，也不是沒有成功的希望，所以對於這種「刀仔鋸大樹」的做事方式與態度，往往頗為認可。

當然，也有人認為此語是不自量力，妄圖以蚍蜉撼大樹，又或是貪婪地想以小博大之意，是個含有嘲諷意味的貶義詞，例如說：「你想學人刀仔鋸大樹啊？發夢啦！」

所以說，「刀仔鋸大樹」究竟是個褒義詞還是貶義詞，還要看你自己的態度呢！

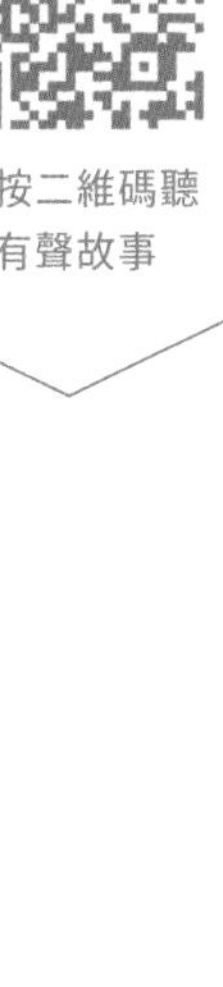

一本通書讀到老

諷刺人食古不化，不懂得與時俱進、靈活變通，只會用老眼光看新問題。

通書，也稱為黃曆，因為「書」字與「輸贏」的「輸」同音，不吉利，所以在粵語裏又稱為「通勝」，是傳統民間廣泛流傳的曆法書籍，當中提到的除了日期之外，還包括陰陽曆法、天干地支、天象地理、風雲氣候、節令農耕、風水吉凶等訊息，可以說是古代的生活百科全書。古時候大凡遇到祭祀、婚嫁、動土、遠遊等大事，往往都會先查詢通書，選擇吉日操辦。直到現代，依然有不少人有此習慣。

而且古代訊息比較封閉，教育還不普及，通書作為民間流傳極廣的讀物，還有一定的知識普及作用，有的普通農耕之家，可能真的靠一部通書就能夠指導一輩子的生活了。

不過後來隨着社會不斷發展，教育漸漸得到推廣，即使在農村地區，耕讀之家也越來越多，靠一本通書過日子，顯然既不可能，更不合時宜了。所以，粵語裏產生了「一本通書讀到老」的說法，用來諷刺一個人食古不化，不懂得與時俱進、靈活變通，只會用老眼光看新問題。

而到了現代，社會發展一日千里，很多人的教育程度越來越高，接受訊息的途徑不斷拓寬，「一本通書讀到老」的態度，就更加要不得了。

殺人放火金腰帶，修橋整路冇屍骸

粵語裏「殺人放火金腰帶，修橋整路冇屍骸」是一句民間俗諺，具體的出處已經難以考究，但在香港的影視作品裏經常聽到，最為大家所熟悉的，可能是《無間道》的台詞。

雖然我們大部分人都期望好人有好報，但在現實中，有時會呈現出相反的情況。那些無惡不作的人靠罪惡的手段賺得盆滿缽滿，有的甚至身居高位；而那些老老實實勤懇工作的普通人，則得不到重視和回報，如修

無惡不作的人靠罪惡的手段賺得盆滿缽滿；那些老老實實勤懇工作的普通人，則得不到重視和回報，表示作惡的人有好報，好人則沒有。

橋鋪路的工人，有的因為辛勞而死，甚至得不到好好的安葬。

這種理想與現實的反差，自古以來就存在，很殘酷但卻很真實，即使到了現代也不能杜絕。我們要努力建立現代法治文明的社會，就是希望能讓這種現象得到有效的控制，盡可能讓好人有好報，作惡的人得到應有的懲罰。

按二維碼聽有聲故事

冇咁大個頭，唔好戴咁大頂帽

在社會裏，一個人有志向，希望取得更高成就，得到更高的榮譽地位，可以說是人之常情。

西方諺語有云：「欲戴皇冠，必承其重」，一個人在得到一定的榮譽地位的同時，往往也需要承擔相應的責任，而要承擔這些責任，則需要相應的能力。如果能力不足，那麼這頂皇冠有可能把人壓垮。

正因為如此，粵語有一句俗語——「冇咁大個頭，唔好戴咁大頂帽」，意在提醒大家，一個人沒有那麼大

頭不夠大，是撐不起大帽子的。一個人沒有大的本事，就不要爭奪太高的榮譽地位。

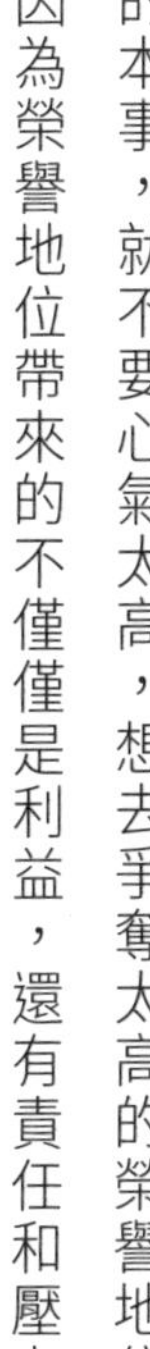

的本事，就不要心氣太高，想去爭奪太高的榮譽地位，因為榮譽地位帶來的不僅僅是利益，還有責任和壓力。頭不夠大，是撐不起大帽子的。

按二維碼聽有聲故事

同人唔同命，同遮唔同柄。

常言道：「一命二運三風水」，每個人的命運際遇總是各有不同。有的人家境好，有的人天分高，有的人運氣好，難免讓一般人心生羡慕。即使是家世相同的同胞兄弟姐妹，命運往往也各有不同，差異頗大。

對於這種命運際遇的差異，粵語有一句俗語，感慨道：「同人唔同命，同遮唔同柄。」

為甚麼會用「同遮唔同柄」這句話來形容人的命運各有不同呢？「遮」就是普通話的「傘」。原來，古代常用的油紙傘工藝比較單調，無非一個傘柄，一個傘架，

每個人的命運際遇各有不同，雖是相同的雨傘，傘柄都各有特色。

一個傘面。而傘架和傘面能夠做的花樣不多，來來去去都是那個樣子。尤其廣東地區，雨水又多又大，不像江南地區的傘面會繪製各種圖案，唯一能做出材質區別，做出不同特色的，就只有傘柄了，所以大街小巷的傘看起來都差不多，但手柄則往往各有不同。

再加上粵語俗語講求押韻，「命」字與「柄」字押韻，所以粵語裏就用「同遮唔同柄」，來比喻「同人唔同命」這個無奈的狀況了。

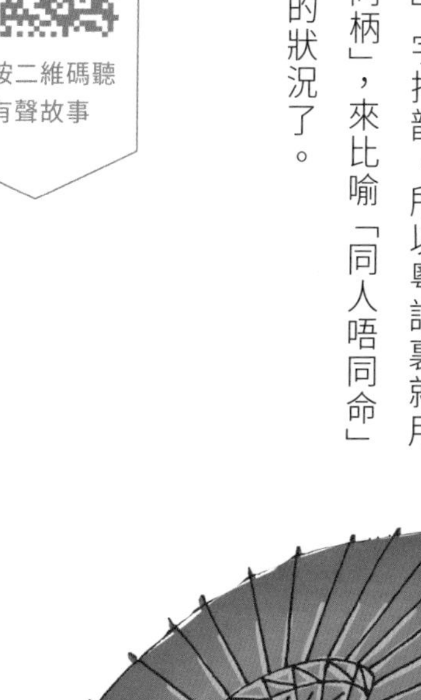

按二維碼聽有聲故事

好。眉。好。貌。生。沙。虱。

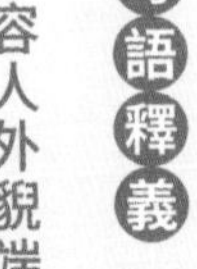

形容人外貌端正，滿口仁義，但實際上卻是內心敗壞的人。

在粵語裏，形容一個人金玉其外，敗絮其中，有句俗語是——「好眉好貌生沙虱」。

「好眉好貌」，是形容人外觀端正，金玉其外，這個好理解，那究竟甚麼是沙虱呢？

原來，沙虱是一種植物病蟲，體型極小，其幼蟲喜鑽進番薯內部，引發番薯病變。這些病變的番薯外表與一般健康的番薯無異，但切開後則可見黃斑，有異味，口味也變得苦澀，不能食用。這種得病的番薯，粵語稱為「生沙虱」。

對於那些表面上看起來形貌端正，光鮮亮麗，甚至一本正經、滿口仁義，但實際上內心敗壞、心懷不軌的人，粵語稱其為「好眉好貌生沙虱」，令人生厭。

當今社會越來越追求「顏值」，大家都對自己的外表十分重視。不過在注重顏值的同時，也要注意品德修養，千萬不要「好眉好貌生沙虱」才好。

屋漏偏逢連夜雨，船遲又遇頂頭風

粵語釋義

如果倒霉起來，真的是頭頭碰着黑，困境接踵而至。

俗語有云：「福無雙至，禍不單行。」一個人倒霉起來，往往真的頭頭碰着黑。

對於這種狀況，有一句比較形象的俗語——「屋漏偏逢連夜雨；船遲又遇頂頭風」——房屋爛了偏偏還要連夜下雨；坐船本來已經遲了，又偏偏遇上逆風，確實令人十分頭疼。

當然，除了客觀情況之外，在遇到困境的時候，人的心態也會受到影響，往往會不自覺地誇大負面情況，覺得每個人都跟自己作對，事事都不順利。其實人生有起有伏，本來就是生活之中的常態。對於困境和困難，還是要努力以平常心去對待，擺脫負面情緒，盡自己的最大能力度過難關。

按二維碼聽有聲故事

行爲篇

冇晒符

沒有任何辦法、沒有計謀了。

大家以前看港產片，經常都會見到道士畫符作法捉鬼的情節。事實上，傳統中國民間對於鬼神之事頗為緊張，遇到甚麼事情，往往都會請道士作法，祈福消災，而道士作法的工具中，符就是非常重要的一種。所謂符，一般是一張黃紙，道士以朱砂在上面寫上與鬼神溝通的符號，通過焚燒起作用。這些符號自成體系，因為一般人不會辨認，所以稱為「天書」。

據說有一次，有一位道士替一戶人家作法捉鬼。但經過三番四次作法，燒了無數張符，都沒辦法把那個鬼魂搞定。等到作法的符紙燒光，道士無計可施，唯有對主人家說：「這鬼實在是太猛，我冇晒符了。」

後來，大家就用「冇晒符」，來表達「冇計」、「沒辦法」的意思了。

按二維碼聽有聲故事

驚青。

形容一個人非常緊張、害怕、慌張的模樣。

說到「驚青」一詞，原來出自舞獅的俚語，我們來看看這個詞的出處。

舞獅是南越地區很受歡迎的慶典活動儀式，從舞獅儀式之中產生了不少獨特的詞語，例如「擒青」，指的是做事太匆忙、急於求成之意。除了「擒青」之外，從舞獅中衍生出來的還有另外一個地道粵語詞——驚青。

所謂「驚青」，是形容一個人緊張、害怕、慌張的意思，還經常被說成複詞形式——驚驚青青。那麼驚青是舞獅表演的哪個部分呢？原來，舞獅採青的表演頗為講究，有望青、驚青、試青、採青、吐青、謝青、醉青等動作，而驚青是指獅子剛剛見到要採的青，表現出一副嚇了一跳、驚喜的樣子。

大家見得多了，就用「驚青」來形容人害怕、慌張的模樣了。

按二維碼聽有聲故事

洗。腳。唔。抹。腳。

大花灑

粵語釋義

形容那些能花錢、亂花錢、很會花費的人。

粵語裏形容人喜歡亂花錢，或者很能花錢，通常會稱之為「大花灑」。花灑，就是用來澆花或洗澡的蓮蓬頭，因為出水孔多，出水快，所以用的水也會比較多。「水」字在粵語裏也有錢的意思，所以出水，也就有花錢的意思了。

一般的花灑出水已經很多，而大花灑出水自然更多，所以粵語就用「大花灑」來形容那些能花錢、亂花錢的人了。

除此之外，對於亂花錢的人，粵語還有個說法，叫

「洗腳唔抹腳」，意思是洗完腳之後不擦腳，水就會撒得到處都是，對於認為「水為財」的廣東人來說，也是很難接受的行為。

唔聽你支死人笛

形容不聽話、不聽指揮的人。

在粵語裏形容一個人不聽話、不聽指揮，有個說法叫「唔聽笛」。「聽笛」，在粵語中有聽指揮的意思，「唔聽笛」自然就是不聽指揮了。那麼為甚麼聽指揮叫「聽笛」呢？

原來，以前小康人家出殯，會請一支樂隊在前面吹奏送行，而吹奏出殯的音樂最主要的樂器是嗩吶，其他樂器都要跟着嗩吶來吹奏。古時候樂器的分類不像現在這麼細緻，大凡是吹奏的樂器都稱之為「笛」，所以聽着嗩吶的指揮來吹奏，就是「聽笛」了。後來引申出來，就變成聽指揮、聽話的意思。例如在周星馳的電影《審死官》，那位山西布政司「最聽他娘親支笛」，就是「最聽娘親話」的意思。

所以在粵語當中，有一個歇後語——「阿聾送殯，唔聽你支死人笛」，表達的就是不聽你指揮的意思了。

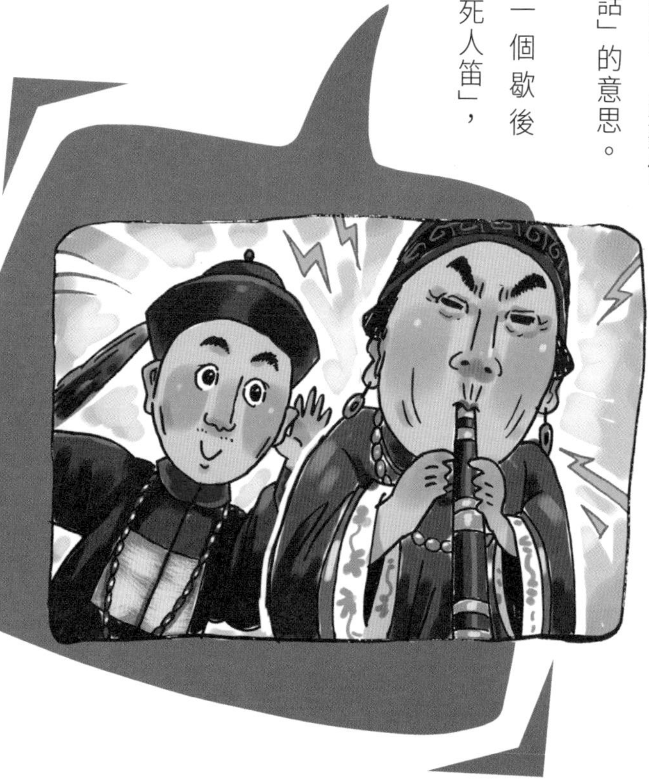

定過抬油

形容做事小心翼翼、非常可靠及有把握的人。

一個人做事如果很有把握，或者十分可靠，絕不會出現錯漏，粵語裏會稱為「定過抬油」。

這個詞語的出處有兩個不同的說法：

一、認為這個「油」指的是一般食用的油，抬着油走路，當然要小心翼翼，十分穩妥，所以「定過抬油」被用來形容為做事十分可靠、有把握。關於抬油，還有一個小故事，當年番禺市橋有位武林高手——韓全隱居民間，以賣油維生，他是洪拳名家，下盤功夫扎實，抬着一大桶油走路還是十分穩定輕鬆，一點油也不會濺出來，所以被街坊稱為「定過抬油」。

二、所謂「油」，並非一般意義上的油。在古代百越語（編按：粵語及吳語中保留下來的語種），觀音菩薩被稱為「油」，所以抬油其實是指抬着菩薩的塑像，此事既神聖又重要，當然特別需要穩定安全。那麼「定過抬油」，自然就更加「穩陣，實冇走雞」了。

菠。蘿。雞。

廣州地區的南海神廟有個著名的廟會，叫做波羅誕，時間是每年農曆二月十三日。這個廟會非常有特色，十分熱鬧，參加的人很多。民間俗語有云「第一遊波羅，第二娶老婆」，可見廟會受歡迎之程度。

在波羅誕上，很多人會售賣一種工藝品——菠蘿雞。這隻菠蘿雞用顏色豐富的紙片黏合而成，可以說是波羅誕的著名文創產品，很受歡迎。因為這隻菠蘿雞是黏合而成，所以就誕生了一句歇後語——「菠蘿雞——靠黐」，形容那些喜歡佔人便宜的人。

形容有些人喜歡佔人便宜，別人有好東西時，總是找藉口來分一杯羹，佔上一點好處。

關於「靠黐」這個詞，還有另外一個說法，話說早年城裏的人參加波羅誕，因為路途遙遠，又需要經過水路，難免會弄濕鞋褲，頗為麻煩。有些當地的婦女見此情形，就負責揹這些遊客過水，賺些外快。遊客中有些好色之徒趁此機會揩油，而有些村婦為了多得賞銀也順從配合。此情此景，就被形容為「菠蘿雞——靠黐」了。

按二維碼聽有聲故事

把炮和劈炮

在粵語當中，往往將槍稱為「炮」，可能有意和冷兵器裏的槍區分開來。舉個例子來說，我們看香港的警匪片，經常聽到警察將自己的配槍稱為「我支炮」，而由此也引申出一些地道的粵語詞語。

例如「把炮」，「把」是拿着的意思，「把炮」原意是拿着槍，拿着槍的人當然兇一點、厲害一點，所以大家就用「把炮」來形容厲害、有本事的意思了。

另一個地道詞語「劈炮」，原本是指警察辭職的時候，會將配槍交還，就是所謂的「劈低支炮」。早期這

把炮形容厲害、有本事的人；劈炮是說此人辭職不幹了。

個詞語只在香港警界使用，後來傳開來，就被普遍用於炒老闆魷魚，辭職走人的場景了。

按二維碼聽有聲故事

年三十晚謝灶。好做唔做

粵語釋義 形容做這件事毫無作用、多此一舉。

灶神，又稱為灶君，是中國古代傳說中的神靈之一，主管各家各戶的爐灶，負責保佑大家伙食不斷，飲食平安。除此之外，因各家各戶都有灶頭，所以據說灶君還肩負着為玉皇大帝監視家家戶戶，看看大家有沒有做壞事的工作。

為了祭祀及討好灶君，民間習俗是在年廿三晚拜祭灶君，廣東地區稱為「謝灶」，一方面希望灶君老爺繼續保佑；另方面希望他老人家到天庭不要亂告狀。

據說，灶君每年會在年三十晚到天庭向玉帝稟報，

按二維碼聽有聲故事

如果你錯過了年廿三，等到大年三十才謝灶，灶君都走開了才來拜祭，那就毫無作用、多此一舉了。所以，粵語裏有一句歇後語——「年三十晚謝灶——好做唔做」了。

床下底破柴。包撞板

粵語釋義 做事失敗、做錯事及遭受打擊。

一個人做事如果不成功，做錯了事，吃了虧受了打擊，普通話稱為「碰壁」，而粵語裏則稱為「撞板」。

有人以為「撞板」與「碰壁」一樣，都是用撞到障礙物來形容遭遇打擊；但事實上粵語的「撞板」另有出處。

粵語裏「撞板」，撞的不是木板或床板，而是粵劇裏打拍子的板。在粵劇中，說到節拍有「板」和「叮」兩種，強拍為板，弱拍為叮，如果唱戲或演奏的人節奏不對，就會與節拍發生衝撞，在戲行裏就稱為「撞板」。後來引申開來，就成為了做事失敗、做錯事、受打擊的意思了。

由此，還引申出一個歇後語，叫「床下底破柴——包撞板」，形容某些人做事一定會出錯的意思。

執死雞

好波不如好命

比喻因得到別人捨棄或不要的東西，反而得到好處或意外的便宜。

我們觀看足球比賽的時候，如果看到球員因為對方球員失誤輕鬆獲得入球，又或者隊友進攻被對方擋出之後自己輕鬆射入，粵語的解說往往會說這個球員「執咗隻死雞」。所謂「執死雞」是指撿到便宜、「搵到着數」的意思。

話說以前雞販在市場上賣雞，一般都是賣活雞，如果雞死了往往賣不出去，只能拿去扔掉。有些人見此機會，就把雞販扔掉的死雞撿回家。大家覺得這個做法不花錢又能吃到雞，即使是死雞也算是撿了個便宜，於是後來就用「執死雞」來形容撿到便宜的情形了。

這個詞常用來比喻因得到別人捨棄或不要的東西，反而得到好處或意外的便宜。舉個例子來說，球賽門票一票難求，正要放棄的時候，遇到買了票的朋友卻去不成要退票，這樣的情景就可以用「執死雞」來形容了。

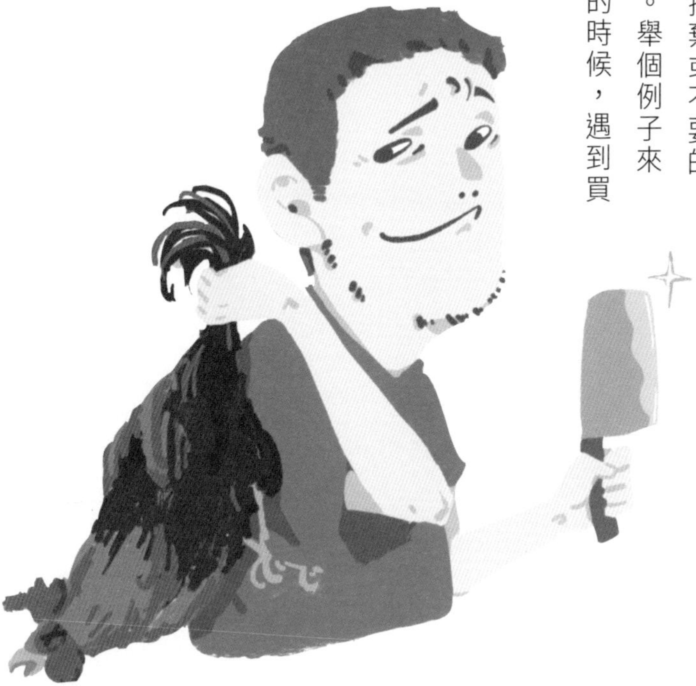

蛇王

從事捕蛇工作或開設吃蛇肉餐館的專業人士；或形容躲懶的人。

粵語裏稱一個人「蛇王」，其實蘊含着兩種解釋及可能性。

一、指一個人從事捕蛇的工作，或者開設專門吃蛇肉的店舖，通常大家稱呼他的時候，就會在「蛇王」後面加上他的姓氏或名字，例如「蛇王李」、「蛇王彪」之類。廣東地區以往有些專門吃蛇肉的餐館，也以「蛇王X」來命名，例如著名的「蛇王滿」，就是創辦於清朝的老字號。

二、指一個人偷懶的意思。蛇是冷血動物，平時並不熱衷於活動，不捕食的時候都是盤成一團，一動不動，給人很懶慵慵的感覺。所以粵語就用「蛇王」來形容一個人偷懶了，例如家長對賴床的孩子說：「快點起來做功課啦，不要蛇王啦！」

春瘟雞

人得了病，我們稱之為「病人」；而家畜、家禽得了病，我們通常稱之為「瘟」，例如雞瘟、牛瘟等，所以得了雞瘟的雞被稱為「瘟雞」或「發瘟雞」。

這些病雞因為身體不適，走路的時候往往垂頭耷腦，站立不穩，「春下春下」，亂走亂撞，看起來和那些沒精神、打瞌睡的人頗為相似，所以粵語裏就用「春瘟雞」來形容一個人沒精打采，精神不振，又或者做起事來毫無章法，亂七八糟。

形容一個人平日沒精打采，精神不振，又或做起事來毫無章法，給人亂糟糟的形象。

舉個例子，小時候上課打瞌睡，老師就會批評說：

「你們晚上早點睡，不要上課春瘟雞啦！」

按二維碼聽有聲故事

食死貓

形容被人冤枉、替人背黑鑊的情形。

大家都知道，廣東人號稱甚麼都敢吃，所以粵語裏很多詞都與飲食有關，這次給大家介紹一個詞語——「食死貓」。

「食死貓」，在粵語裏是被人冤枉、替人背黑鑊的意思，相傳這個詞語的來由確實與一隻死貓有關。

話說早年某個村落的村民，有一日偶然在井邊打水的時候發現一隻死貓，他一時貪吃，把死貓拿回家煮來吃。結果被貓主人知道後，竟然誣陷他不但偷貓，還把貓吃掉了。事情鬧到村裏的祠堂，主事的長輩也不清楚來龍去脈，只知道這位村民確實吃了貓，於是就斷定他偷竊，將他趕出本村，十年不許回來。因為這件事，後來大家就用「食死貓」來形容被人冤枉、替人背黑鑊的情形了。

按二維碼聽有聲故事

有事鍾無艷，無事夏迎春

如果你有一個朋友，出了甚麼事就來找你幫忙，平時沒事就連電話也沒有一個，問候也沒有一句，對於這種人，粵語裏有一個非常形象化的說法——「有事鍾無艷，無事夏迎春」。

據說，鍾無艷是戰國時期的齊國人，當時齊國國君齊宣王整天遊手好閒，無心國事，齊國國勢一日不如一日。鍾無艷是一位長相醜陋但才華橫溢的女子，她主動向齊宣王進諫，獻上一套治國之策。齊宣王倒是從諫如流，不但採納了她的建議，還將她封為皇后，在鍾無艷的幫助之下，齊宣王將齊國治理得蒸蒸日上。

形容有些人遇上麻煩事就找人幫忙，平日沒事的話卻不問候對方一下。

不過齊宣王畢竟是男人，難免會喜歡年輕貌美的女子，所以平時無事，就喜歡與美艷的妃子夏迎春尋歡作樂，一旦出了甚麼問題，就找鍾無艷商量如何解決。這一段故事後來被演繹成各種戲曲文藝作品，於是就有了這一句——「有事鍾無艷，無事夏迎春」，用來形容那些有事找人幫忙，沒事就不管不理的人。

按二維碼聽有聲故事

手指拗出唔拗入

形容某些人總是偏幫外人，而不是站在自己人一方說話。

我們的手指為了方便握物，關節都是向內彎曲，而不能向外彎曲的。在粵語裏有一句——「手指拗入唔拗出」來形容一個人總是偏幫自己人的情形。

不過凡事皆有例外，有時我們也會遇到有些人偏幫外人，而不站在自己人那一邊，這個時候我們就稱他們為「手指拗出唔拗入」。例如觀看家庭倫理劇集，經常看到有的父母責怪女兒偏幫丈夫或者夫家，就會罵她：「衰女！手指拗出唔拗入！」

不過，所謂「拗出」和「拗入」，關鍵還是看當事

按二維碼聽有聲故事

人的認知，有可能你覺得他和你是自己人，其實他將你當外人；你覺得他的手指唔拗入，但他卻覺得自己其實是拗入呢！

誰跟誰是自己人，還真是很難說！

邊有咁大隻蛤乸隨街跳

西方有一句諺語——「天下沒有免費的午餐」，說的是凡事皆有成本、皆有代價，那些看起來免費的東西其實背後往往隱藏着更高更大的代價。

在粵語裏，這個道理有一個更通俗、更貼地的表達方式——「邊有咁大隻蛤乸隨街跳」。「蛤乸」是青蛙，又稱為田雞，是以往在廣東地區很受歡迎的食材，所以通常看到牠都會變成餐桌上的美食，如果你看到一隻很大的蛤乸在街上活蹦亂跳，那可算是一件很不可思議的事。

看起來是免費、便宜的事，背後恐怕事有蹊蹺，警戒人不要貪圖小便宜。

而這一句「邊有咁大隻蛤乸隨街跳」，旨在提醒那些以為自己撿到便宜的人，告訴他們世界上沒有那麼好的事，背後恐怕事有蹊蹺。

人往往喜歡貪小便宜，而很多騙局都是利用人性這個弱點來設計，哄人上當。所以看到有便宜的時候，我們一定要提醒自己：「邊有咁大隻蛤乸隨街跳吖？」

跪地餼豬乸

睇錢份上

為了賺錢，儲多一點錢，即使辛苦些、受點氣也不是問題。

大家知道賺錢不容易，尤其從事服務性行業，或在服務客戶時往往相當受氣，這個時候，廣東人就會無奈地自嘲：「無計啦，跪地餼（粵音氣）豬乸，睇錢份上。」說的就是為了賺錢，辛苦一點、受點氣也是沒有辦法的事了。

那麼，何謂「跪地餼豬乸」呢？

相傳以前有一個農民，家中十分貧困，房子都快塌下來了。他家裏養了一頭老母豬，剛剛生了一窩小豬，他自然希望小豬快點長大，可以賣錢修房子。那麼要養

好小豬，當然要餵飽母豬，這個時候母豬經常躺着餵奶，這位農民朋友要餵母豬，就只能跪在地上餵養。旁人看見這個情況，就問他為何要這樣餵母豬？他搖着頭道：「沒辦法啦，等錢修房子嘛，睇錢份上囉。」

後來就出現了——「跪地餵豬乸，睇錢份上」的歇後語。「餵」字是個古字，指祭祀用的牲畜或送人食物及飼料之意，在粵語裏解作餵養牲畜的動詞。

扯。貓。尾。

所謂「扯貓尾」，在粵語裏是唱雙簧、串通好做戲給人看的意思。那為甚麼這樣的行為被稱為扯貓尾呢？

養過貓的朋友應該知道，貓的尾巴特別敏感，一旦被踩到就會痛得怪叫一聲，甚至抓人咬人，粵語裏還會用「踩到條貓尾」來形容踩中人的痛處。如果一個人看起來在用力扯貓尾，一定是跟貓合夥在做戲給人看，否則貓必定會大吵大鬧，反應很大。所以粵語就用「扯貓尾」來形容唱雙簧、串通造假的情形了。

形容有些人唱雙簧、串通造假、故意設局的情況。

除此之外，還有一個說法認為「貓尾」是古粵語「謬為」的近似音，謬為也就是作偽的意思，所以後來就用扯貓尾來形容造假。不過這個說法似乎太過牽強，可信程度不太高。

按二維碼聽有聲故事

做慣乞兒懶做官

粵語釋義

形容有些人習慣了懶惰或自由散漫，不願意辛苦工作或承擔責任受束縛。

記得新聞曾經報道一些職業乞丐，他們乞討的時候「爛身爛世」（衣衫襤褸），一到收工時就「身光頸靚」（衣着光鮮）。

這些職業乞丐收入這麼高，自然很有動力繼續做下去。但以前，做乞丐討回來的錢僅僅夠糊口，還被人看不起。然而，還是有人覺得做乞丐挺好，每天甚麼工作都不用做，坐着就收取金錢，自由自在，你讓他去做別的工作他還不願意，老一輩的廣東人就將他們稱為「做慣乞兒懶做官」。

當然，不會有人讓乞丐去做官，但有些懶散慣的乞丐不願從事其他工作，倒也並非罕見的事。這句「做慣乞兒懶做官」，也不僅用於形容乞丐，對於那些習慣了懶惰或自由散漫，不願意辛苦工作或承擔責任受束縛的人，也可以用這句說話來形容他們。

論盡

在粵語裏形容一個人做事不小心、笨手笨腳、容易出錯，有個詞語稱為「論盡」，例如小朋友走路摔倒，家長可以說「乜咁論盡啊？」又或者不小心丟了家裏的鑰匙或不小心打翻水杯等，都可以用「論盡」這個詞來形容。

不過「論盡」這個詞語說的人很多，但很少有人考究這兩個字，一般都會用同音的「論盡」來表達。究竟真正的「論盡」是哪兩個字呢？

據一些研究者考證，這個詞語的正確寫法應是——

粵語釋義

形容一個人做事笨手笨腳，動作遲鈍，粗心大意，經常出錯。

遴迍（粵音鄰諄）。據說這個詞出自宋代，用來形容年紀老邁、行動拖遝不靈。這個詞語在普通話裏已經消失了，但在粵語則保留下來，並成為經常使用的日常用語。

除此之外，也有說法認為「論盡」原應是「龍鍾」，意思是指年紀老邁行動不便，後來發音逐漸變化，就演化成「論盡」的發音了。

那究竟哪一個才是權威的說法，就讓專業人士研究，反正我們大家會講會用就是了。

按二維碼聽有聲故事

大雞唔食細米

廣東人喜歡吃雞，自然也熱衷養雞，在養雞吃雞的過程中，總結出不少俚語及俗語，頗有意思，例如「大雞唔食細米」就是其中之一。

一般餵飼雞隻時，如果雞還小，就會給小雞餵較為細碎的米粒；當雞長大之後，就可以餵完整的大米粒，因為雞會先把食物吃進嗉囊，然後慢慢消化，所以毋須擔心其吃得太脹。

在這個餵雞過程中，產生了一句粵語俗語——「大雞唔食細米」，表面意思是雞長大了，就不用吃細碎的米粒，引申意思是指有本事的人看不起低微的工作，或

形容有本事的人看不起低微的工作，屬貶義詞。

者大企業不願意接小生意的意思。

雖然有人硬要灌雞湯，說「大雞唔食細米」是形容人志向遠大，不在乎蠅頭小利，但這句俗語在日常的應用裏，通常都是暗含貶義，語帶嘲諷。

例如說：「佢咁大間公司，邊會做我哋生意啊，大雞唔食細米啦！」又或者：「人地名牌大學畢業，大雞唔食細米，睇唔上我哋公司仔啦！」

廣東人向來講求實際，做生意大小通吃，做事也不太會挑肥揀瘦，所以「大雞唔食細米」的做事方式，其實在一般人看來，並不是一種好態度。

新鮮蘿蔔皮

形容有些人覺得自己很矜貴、很厲害的模樣。

粵語裏有一句罵人的話——「你以為自己係咩新絲蘿蔔皮啊？」意思是你以為自己很矜貴、很「巴閉」（厲害）嗎？為甚麼「新絲蘿蔔皮」是矜貴的意思呢？

原來在明清兩代，對於服飾有很嚴格的要求，只有貴族和官員才能穿高級的服飾，尤其在清朝，關外滿族貴族喜歡穿毛皮大衣，普通百姓則不能隨便穿。

不過，到了清朝後期，規矩漸漸寬鬆，廣東的富人就喜歡穿毛皮大衣炫耀一番，其中一款小白羊毛皮大衣，因為羊毛纖細像細蘿蔔絲，所以被稱為「細絲蘿蔔皮」，後來說得多了，大家也搞不清原意，就漸漸說成「新絲蘿蔔皮」，或者「新鮮蘿蔔皮」了。

按二維碼聽有聲故事

新屎坑，三日香

形容某些人對新鮮事物只有三分鐘熱度，興致很快消退。

對於新鮮事物，大部分人都會有好奇心，所以開始接觸時往往興致勃勃；但時間稍長，新鮮感過去了，這份興致其實很容易消退。

例如買玩具給小朋友，一開始的時候他可能愛不釋手，但過幾天新鮮感沒有了，就很容易丟到一邊，找新玩具玩了。對於這種情況，粵語裏稱為「新屎坑，三日香」。

屎坑當然是臭不可聞的，但剛剛修好的時候，還是挺有新鮮感，而且使用的次數不多，也不會太臭，所以大家就說，新屎坑，前三天是香的，過了三天就臭了，此所謂「新屎坑，三日香」。這句話用來形容一些人對新鮮事物只有三分鐘熱度，實在是非常形象化又貼切。

倒。瀉。籮。蟹。

形容某些人做事手忙腳亂，很狼狽的樣子。

在粵語之中，形容亂七八糟、手忙腳亂，有個非常生動的形容詞稱為「倒瀉籮蟹」。

現在大家去買蟹，通常賣家都會提前將蟹綑綁妥當，以方便買家攜帶，也避免蟹亂跑。但在以前，賣蟹的人通常都是將活蟹放在一個很大的竹籮裏，方便買家觀察蟹是否生猛，確認購買之後，就將蟹從竹籮取出，再用水草綁好過秤。

因為蟹籠上面有個活動的蓋，如果一旦打翻，蟹就會從籠子裏面跑出來，爬得到處都是，要一隻隻抓回去，自然就手忙腳亂，十分狼狽。

所以粵語就用「倒瀉籮蟹」來形容手忙腳亂、亂七八糟的情形。另外，「瀉」字在這裏讀成粵語「寫」的音，根據考據，以前「寫」與「瀉」是通假字（通用及借代字），所以在讀音上習慣讀成「倒寫籮蟹」。

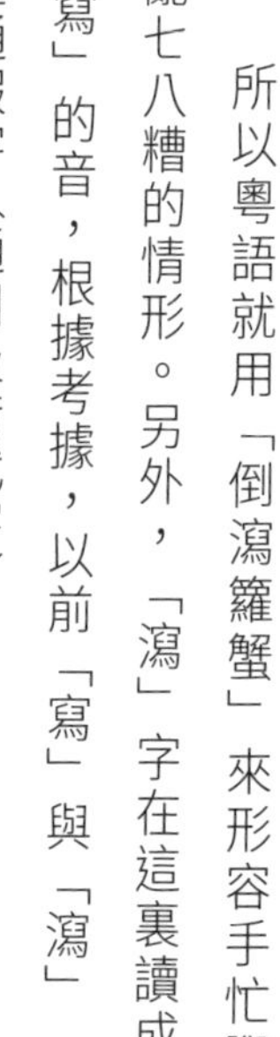

按二維碼聽有聲故事

揦手唔成勢

形容某些人手忙腳亂、措手不及的模樣。

在粵語裏，「揦手唔成勢」的意思原來源自戲班，究竟出處如何呢？

平日，粵語裏形容手忙腳亂、不知所措的情況，除了「倒瀉籮蟹」之外，還有一個詞語——「揦手唔成勢」。

「揦」字，在粵語裏有抓起、抓住的意思，而所謂「揦手」，其實是以前戲班的用語，說的是做好手部動作，擺好姿勢的意思。如果一個演員還沒有擺好姿勢，戲已經開演，這個演員就難免手忙腳亂，不知道如何是好，此所謂「揦手唔成勢」。

在戲台之上，如果自己還未擺好姿勢，對手就已經開演，當然會措手不及，如果演的是武戲對打，分分鐘還會中招。所以這個詞語除了形容手忙腳亂之外，也有措手不及、迅雷不及掩耳的意思。

按二維碼聽有聲故事

岩。巉。

批評人或事物，外表不好看，樣子怪怪的，帶負面意思。

用粵語來形容一個人或一件事物不好看，有很多不同的表達方式，例如「肉酸」、「核突」、「樣衰」等等，每個詞都有各自的側重點。如果你要形容的事物有凹凸不平的特徵，則可以用「岩巉（粵音蠶）」來形容。

所謂「岩巉」，原意是指山峰險峻的意思，有點兒怪石嶙峋的味道。在明朝徐霞客的遊記當中，就有「峭壁巉崖」的說法。

因此，在粵語裏被引申為表面凹凸不平、形狀不完整的意思，繼而被廣泛地應用在批評人或者事物，外表不好看這一方面了。不過這個詞語用來形容人，確實比較刻薄，建議大家日常使用的時候，還是心存一點厚道，謹慎為好。

抵。冷。貪。瀟。湘。

大家都知道，很多女孩子就算在寒冷的天氣時，還是喜歡穿得十分單薄，以顯得身材苗條，可以說為了漂亮連身體健康都不要了，名乎其實「要靚唔要命」。這種再冷也要穿得少的做法，在粵語裏稱為「抵冷貪瀟湘」。

瀟湘這個詞語，原本是指舜帝的兩位妻子，瀟湘二妃——娥皇和女英。相傳她們是堯帝的女兒，後來嫁給了舜帝。舜帝晚年到南方出巡，她們兩人陪伴左右，到舜帝於蒼梧去世時，二妃趕到江邊，淚盡投江而亡。後人感懷她們的忠貞，將她們奉為湘水之神，又稱為湘夫人。

形容女子在寒冷的日子仍穿得衣衫單薄，為了好看而不愛惜身體。

不過「抵冷貪瀟湘」裏的瀟湘，則是出自《紅樓夢》裏林黛玉的住處「瀟湘館」，當然瀟湘館這個名字則是出自瀟湘二妃的傳說。

因為林黛玉在榮國府居住時，以瀟湘館為住處，所以「抵冷貪瀟湘」裏的瀟湘，指的其實是林黛玉。林黛玉身形苗條瘦削，略帶病態，與那些寒風中堅持衣衫單薄的美女確有幾分相似之處。大概正因如此，粵語就用「抵冷貪瀟湘」來形容她們了。

按二維碼聽有聲故事

過。咗。海。就。係。神。仙。

粵語釋義

只談結果，不計較過程。能順利過關就是成功，毋須理會使用甚麼方法及手段。

中國神話故事「八仙過海」，是中國流傳最廣的故事之一，相信很多人都很熟悉。

相傳白雲仙長有一次在蓬萊仙島牡丹盛開時，邀請八仙及五聖共賞美景。在回程路上，鐵拐李建議不乘船、不駕雲霧，各自想辦法渡海。這個建議得到了大家的贊同，於是八仙紛紛扔下自己的法器，有的用芭蕉扇、有的用荷花，各顯神通，期間雖然遭遇四海龍王阻撓，但最終還是順利渡海。由此，誕生了「八仙過海，各顯神通」的成語。

除此之外，粵語裏還從這個故事衍生出一句俗語——「過咗海就係神仙」。這句話的意思是指只要能夠順利過關就是成功，至於用甚麼辦法手段，高明與否，那就不必追究了，就像渡海的八仙一樣，只要能夠過海，那就證明自己是有本事的神仙了。

舉個例子，有些同學認為只要考試合格過關，能拿到文憑畢業就是成功，至於成績如何則毋須計較，這就是「過咗海就係神仙」的態度了。

不過，這種只要結果，不管過程的態度，顯然不是一種負責任的態度，並不值得提倡。

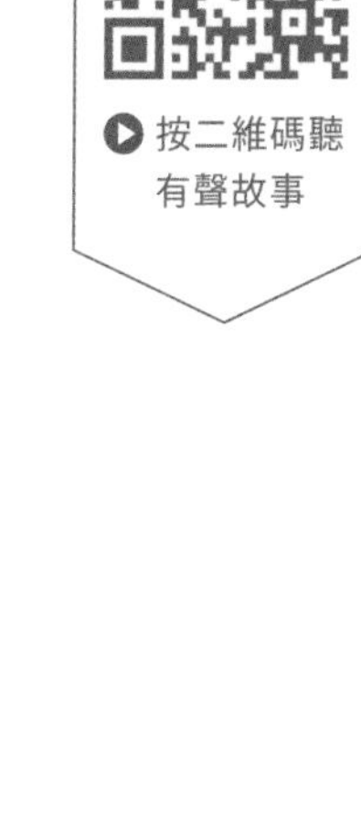

執輸行頭，慘過敗家

廣東人做事積極，最怕執輸——落後於人，所以有句俗語叫做「執輸行頭，慘過敗家」。

這裏指的「行頭」，是戲行裏演員的服裝、頭飾及道具等。在戲台上，行頭對於戲曲演員來說至關重要，不但影響舞台形象和觀眾的觀感，而且對其在同行之中的地位也有所影響。古時的戲行中人，如果能添置一套高檔的行頭，同行之中是一件在很光彩的事。

而如果行頭不光鮮，甚至穿戴有錯或使用錯誤，那麼對演員和戲班都會有很大的影響，所以在行頭上，萬

比別人失去先機，落後於人的意思。引申要力爭上游，把握每個機會。

萬不可以「執輸」，否則就比敗家——亂花錢還要慘。

除此之外，也有人認為「行頭」應理解為搶先，這句俗語的意思是搶着去做那些不好的、吃虧的事，自然比敗家還要慘。

至於以上那個解釋更為合理，大家不妨自行鑽研及研究一番。

按二維碼聽有聲故事

包。拗。頸。

粵語裏，對於那種甚麼事都反對的人，我們稱之為「包拗頸」。

「拗頸」，其實是一個古音詞，原來的寫法應該是「拗強」，爭吵和固執的意思，在古代百越語（編按：粵語及吳語中保留下來的語種）裏，「強」字的發音和「頸」字相近，所以後來大家講得多了，就把這個詞寫成「拗頸」，指頂嘴、頂撞及爭吵的意思。

「包拗頸」是指一個人不管甚麼事都喜歡頂嘴和反對，相近的詞語還有「包頂頸」的說法。

粵語釋義

形容總是喜歡持相反意見、唱反調的人。

按二維碼聽有聲故事

生活篇

摸。門。釘。吃閉門羹

到朋友家拜訪時，不得其門而入。

摸門釘，在中國的北方是一個傳統習俗。古時候在上元之夜，都城裏那些還沒生小孩或沒生兒子的已婚婦女，會到正陽門摸一下城門上的門釘，以祈求得子，因為門釘的「釘」和男丁的「丁」是同音字。

可是在粵語裏，「摸門釘」則是吃閉門羹，又或者到訪不遇的意思，這個詞意自然另有出處了。

據說清朝末年，太平路關帝廟一帶是童工市場，一到開工的日子，這裏會聚集大量童工，等候僱主挑選。因為僧多粥少，童工們往往等候數個鐘頭，而且還未必找到工作。在漫長的等待之中，童工百無聊賴，只能夠摸着關帝廟門上的銅釘發呆。於是，大家就將這種百無聊賴地等待、不得其門而入的情形稱為「摸門釘」。

後來童工市場不復存在，「摸門釘」這個詞語逐漸演變成到訪不遇、吃閉門羹的意思。

按二維碼聽有聲故事

大鑊

形容情況很嚴重，不能解決；或遇上重大事件。

煮東西、炒菜的廚具，普通話稱為「鍋」；粵語則稱「鑊」，大家都知道廣東人嗜吃，所以跟這個「鑊」相關的俚語確實有不少。

普通話的鍋，不僅指煮菜的廚具，也引申為禍事、責任，所以就有「背鍋」這個詞。在粵語裏則稱為「孭鑊」，而對於重大事件、情況很嚴重，則稱之為「大鑊」，例如上學時忘記帶作業，就可以說「大鑊啦，唔記得帶功課！」

除此之外，還有「一鑊熟」和「一鑊泡」這兩個說法。

「一鑊熟」原意是指將幾樣食材一起放在鍋裏，不管先後次序一次過煮熟，後來引申為同歸於盡、抱着一塊兒死的意思。例如觀看警匪片，那些匪徒挾持人質卻被警方包圍，就最喜歡說：「你們不要過來，一鑊熟！」

而「一鑊泡」則是指煮食的時候技術不佳，將食物煮得「融融爛爛」，甚至還起泡，都不知道是吃好還是不吃好，繼而引申為亂七八糟的意思。

按二維碼聽有聲故事

老貓燒鬚

太不小心

形容經驗豐富的老手，因為大意，犯下了不必要的錯誤。

大家都知道，貓的鬍鬚很有用，據說可以用來計量寬度，看看自己是否能夠鑽過窄處，所以對於貓來說很重要。

以前在農村，冬天的時候，貓為了取暖，晚上都喜歡鑽進熄了火的灶爐裏，到了天亮主人起來燒火做飯，貓就會馬上跑開，否則一點火，不但貓鬚被燒掉，而且逃得慢也會被燒死。

一般來說，老貓經驗豐富比較少出危險，小貓有時貪睡就容易出事故，如果經驗多的老貓也燒掉貓鬚，那就實在太不小心了。

粵語會用上「老貓燒鬚」來形容經驗豐富的老手，因為大意犯下新手的錯誤。

冇掩雞籠

自出自入

自新冠疫情發生後，為了防止疫情傳播，很多社區或大樓都實行封閉管理，以策安全。如果有社區完全不設防，讓人隨便進出，這個狀況在粵語裏就稱為「冇掩雞籠」。

廣東人喜歡吃雞，很多粵語俚語都與雞隻有關。以前裝運雞隻一般都用竹篾做的雞籠，為了方便裝入及拿出，雞籠都有一個可活動的蓋，這稱之為「掩」。如雞籠沒有這個「掩」，內裏的雞就可以隨隨便便走出來；外面的雞也可以隨便走進去，這個雞籠就變成

形容某些完全不設防或管理不善的地方，讓人隨意進出，沒有監管。

毫無作用了。

粵語裏，就用「冇掩雞籠」形容那些完全不設防或管理不善，讓人隨意進出的場所，因此還有一句歇後語——「冇掩雞籠——自出自入」。

擺。烏。龍。

形容不小心弄錯，或者不慎做錯事。

大家看足球比賽粵語旁述時，講到有球員失誤而將球射進自己的球門，都會稱為「擺烏龍」，現在這個詞普通話的解說也會用了。

擺烏龍在粵語裏，是不慎搞錯的意思，據說這個詞源自於一個廣東民間傳說。話說早年廣東地區遭遇大旱，老百姓紛紛向上天禱告，希望青龍快快現身，帶來雨水，以滋潤莊稼和萬物。

不知道是禱告不夠誠心，還是老天爺有心作弄，百姓拜祭之後，龍倒是來了，但不是帶來降雨的青龍，而是帶來災難的烏龍！結果民間被這條烏龍一攪，就更是麻煩不斷。

大家都覺得這必定是老天爺搞錯了，把烏龍和青龍搞混了，所以後來就用「擺烏龍」來形容不小心搞錯，或者不慎做錯事的情形。在足球場上，球員將球射進自己的龍門，自然也是其中之一。

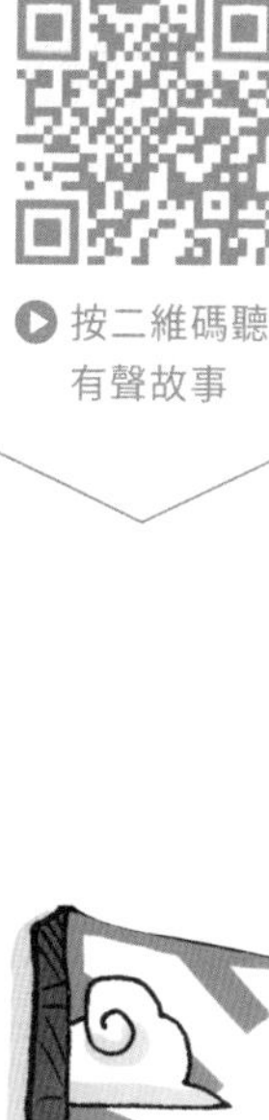

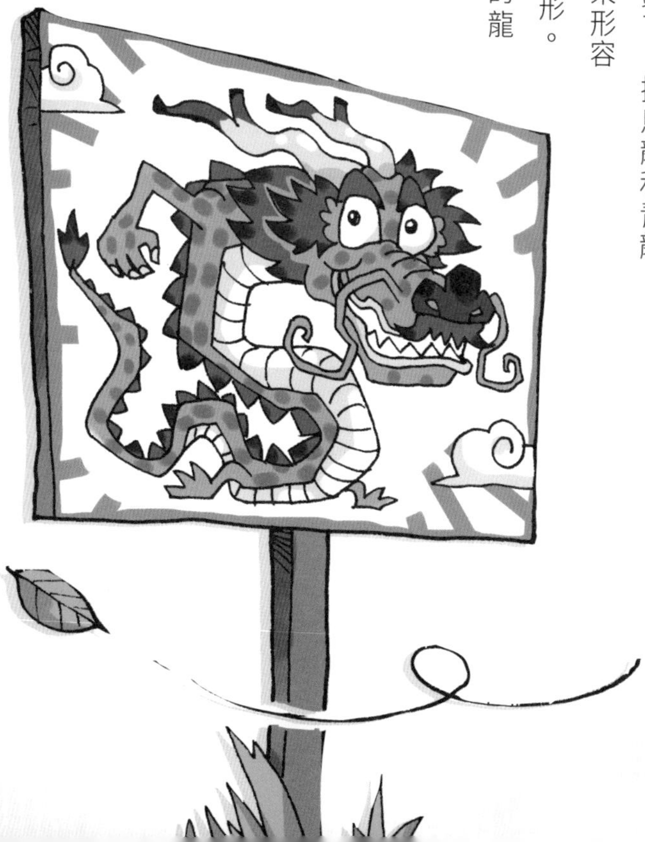

上屋搬下屋，唔見一籮穀

形容在變動搬運之中，難免會造成不同程度的損失。

搬過家的朋友應該都知道，搬家實在是一件很麻煩的事，要整理收拾、打包、搬遷，十分辛苦。而且在搬家的過程中，很容易造成損失，例如物件丟失、運輸途中損壞或固定物件拆卸重裝等等，都會造成不同程度的損失。在粵語裏，對這個狀況可以用一句非常地道的俗語來形容——「上屋搬下屋，唔見一籮穀」。

以前農村人家搬家也好，搬運倉儲的糧食也好，穀物是最重要的資產。這句話的意思是說，即使從樓上搬到樓下這短距離的簡單搬遷，難免造成一籮穀的損失，

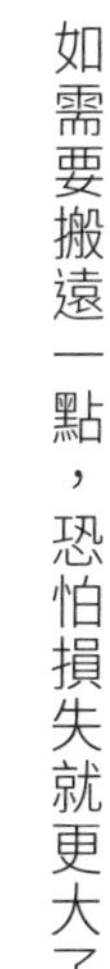

如需要搬遠一點，恐怕損失就更大了。

隨着城市發展，需要搬運穀物的情況漸漸減少，但這句話卻流傳了下來，用來形容在變動之中難免造成的損失，也暗含一動不如一靜的意味。

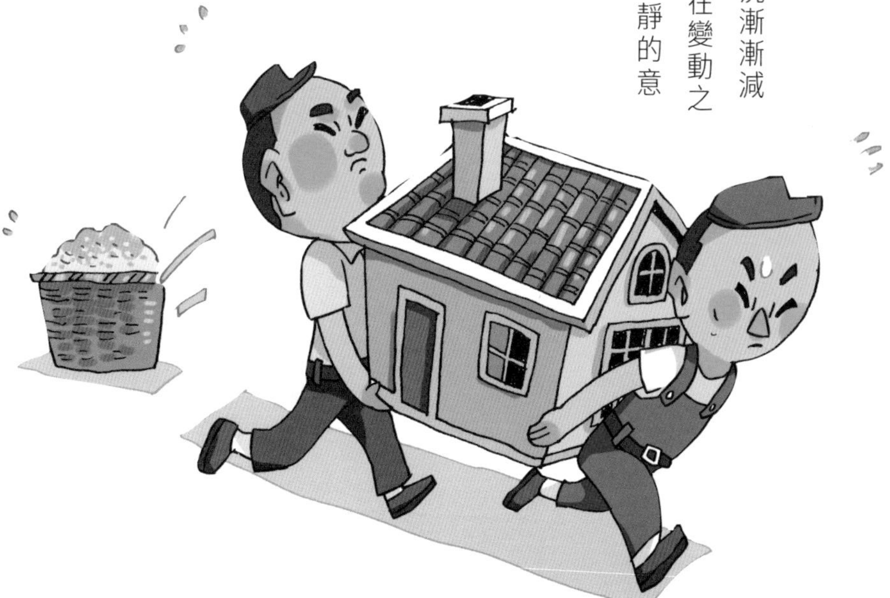

黃鱔上沙灘

唔死一身潺

在普通話當中，形容一個人雖然逃過一劫，但也損失慘重，叫做「不死也脫一層皮」。在粵語裏，則有一個更生動的歇後語——「黃鱔上沙灘，唔死一身潺」。

大家都知道，黃鱔是水中生活的動物，上了沙灘就沾不到水分，會缺水而死。所以黃鱔到了一些沒有水的地方，會本能地分泌黏液，在粵語裏稱為「潺」，用來保持身體所需的水分，盡可能保住性命。

所以粵語就用黃鱔這個特點，來形容那些遇到大麻

粵語釋義

形容那些遇到麻煩事的人，雖能逃過一劫，卻也損失慘重。

按二維碼聽有聲故事

煩的人，說他們像游到沙灘的黃鱔一樣，就算能夠保住一命，但也會弄得渾身是「潺」，也就是損失慘重。

踢。晒。腳。／一。腳。踢。

粵語裏有很多詞語，都是來自本地的生活方式，例如香港地區流行跑馬，就由此產生了不少相關的粵語俚語。

粵語的「踢晒腳」，是忙不過來的意思，這個詞正是來自於跑馬。因為一群馬賽跑的時候，前後腳交替迅速，在旁邊看起來就像馬腳互相踢踏一樣，此所謂「踢腳」，事實上也確實發生過馬匹踢到自己腳的情況。因為馬蹄雜亂無章，看起來忙亂非常，所以粵語就用「踢腳」、「踢晒腳」來形容忙不過來的情形。

踢晒腳：形容有些人做事忙得不可開交，上氣不接下氣。

一腳踢：一個人完成所有事務。

至於「一腳踢」，則來自另一個生活場景。話說以前有錢人家請女傭，會分為近身、洗熨、煮飯、打雜四個崗位。不過一般來說只有大戶人家才會分得仔細，平常人家的女傭，往往一個人要做四個崗位的工作，此所謂「一腳踢」，也就是一個人做完所有事情的意思。

那麼，一個人做事要「一腳踢」，當然就會經常忙到「踢晒腳」了。

按二維碼聽有聲故事

受人二分四，做到嗦晒氣

形容受僱於人的打工仔，工作時辛勞的情況。

粵語裏，打工仔表達打工的無奈，通常都會自稱「受人二分四，冇計啦」，那麼這個「二分四」究竟是甚麼東西呢？

原來，在清朝末年，外來的銀元被稱為「鷹洋」，因為成色足，標準化程度高，所以很受市民歡迎，流通廣泛，後來清政府、北洋政府不甘人後，鑄造自己的銀元，這些銀元被統稱為「大洋」。

一個大洋的標準重量為七錢二分。當時廣東地區的碼頭工人，一個月的工資一般是一個大洋，分攤到一個月三十天中，每天是二分四厘，也就是所謂的「二分四」。所以「受人二分四」，也就是受僱於人、替人打工的意思。「嗦晒氣」則是氣喘吁吁的意思。

因此「受人二分四，做到嗦晒氣」是用來形容打工仔的艱辛情況。

按二維碼聽有聲故事

食。穀。種。

有時遇上經濟大環境不太好，有不少商家都說生意不好做，賺不到錢，唯有「食穀種」。

所謂「食穀種」，指的是吃老本度日的狀況。

穀種，就是穀物的種子，一般來說種子都是用來播種耕種，希望有所收穫。但如果環境不好，連飯都吃不飽，為了維持生計，就只好連作為種子的穀物都先吃掉，以免餓壞肚皮了。

引申開來，「食穀種」，就是將原本可以用來投資

將本錢用於支付日常開支，以度過難關；沒有工作收入，只靠積蓄度日。

獲取收益的本錢，用於支付日常開支，以度過難關的意思。

除了做生意之外，沒有工作收入，只能靠以前的積蓄度日的情形，也被稱為「食穀種」。

龍床不如狗竇

即使新環境如何優越、舒適，但還是覺得自己的家最親切、最愜意。

粵語「龍床不如狗竇」這句話用來形容即使很好、很舒適的地方，以及再矜貴的器具都比不上自己熟悉的環境、自己慣用的物品。

龍床，眾所周知是皇宮裏皇帝睡的床。「狗竇」這個詞則是自嘲自諷的用語，竇作「窩」解，狗竇就是狗窩，在粵語常引喻為自己的家，通常都是謙虛之意，但有時也有自我揶揄的意思。清代沈復的《浮生六記》就有「然則我家系狗竇耶？」的句子。

一個人到陌生的地方，就算新環境條件優越，可以

接觸到如龍床這樣高級的玩意，但是新鮮感其實很快就會退去，畢竟離開了自己熟悉和親切的環境，事事都不那麼得心應手。即使自己家裏條件差得多，甚至像狗窩一樣簡陋不堪，但在自己眼裏，還是覺得家中更為親切，自然會感歎：「龍床不如狗竇！」

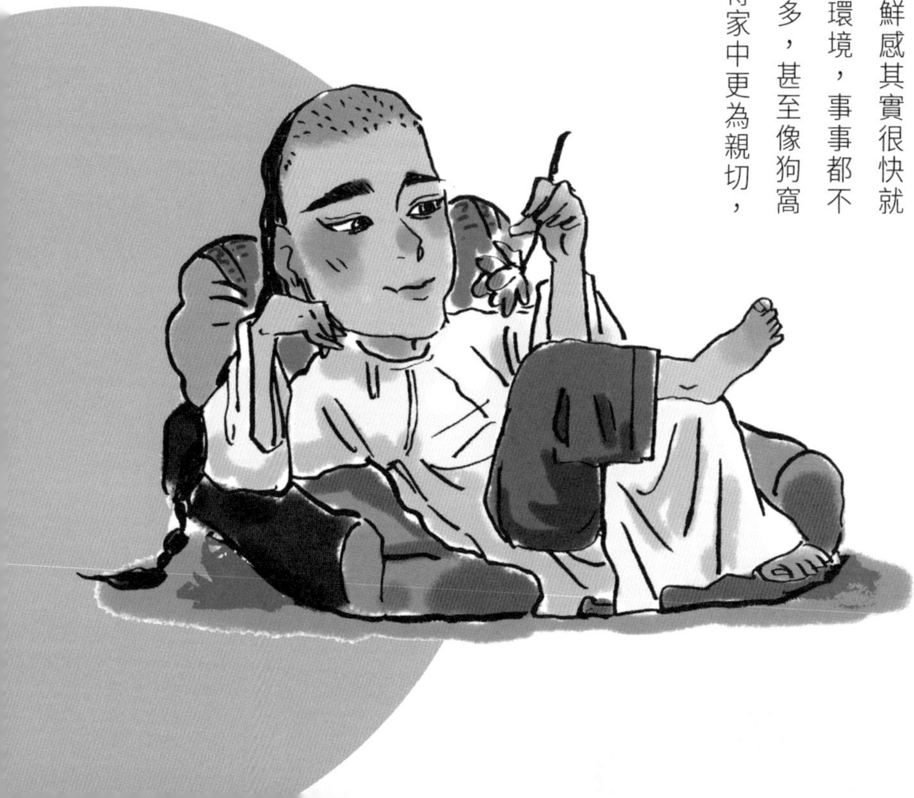

兜踎

形容環境際遇不佳、生活中很窩囊的人。

在粵語裏，形容一個人際遇很差、環境不好，有個很地道的說法稱為「兜踎（粵音卯）」。舉個例子，在周星馳主演的電影《逃學威龍》，他被人「燉冬菇」做交通警察，遇到做臥底時的學生，就被人嘲笑他「周sir，點解咁兜踎？」

「兜踎」這個詞，一般會講粵語的人都會用，但具體是哪兩個字，如何解釋，就未必人人知道。其實這個詞的解釋很簡單，就是形容一個人好像乞丐一樣，拿着「兜」，「踎」在街邊，這個狀況一看就知道際遇不佳，此所謂「兜踎」。

「兜踎」這個詞的意思，與「折墮」有些相似，但就程度而言，似乎「兜踎」相對比較輕一些。

未食五月糉，寒衣未入櫳

廣東地區因為地處嶺南，氣候情況與北方地區差別很大，所以關於天氣氣候的俗諺，也頗具地方特色。

例如在農曆三、四月的時候，天氣往往乍暖還寒，變化多端，熱起來幾乎跟夏天一樣；但冷起來還跟冬天差不多。所以老人家總結出一個規律——沒到端午節，都不能將家裏的衣物換季，不要收起冬天的衣物。於是，就出現一句諺語——「未食五月糉，寒衣未入櫳」，也就是不到過完端午節，都不能把冬天的衣物收藏到衣物

粵語釋義

還沒到端午節，冬天的衣物別收起來，天氣仍會轉涼，注意保暖。

箱裏。這句話也提醒大家，農曆三、四月天氣還很容易轉涼，一定要注意保暖才好。

不過，過了端午節，很快又到颱風季節，所以有的地方，在這句話後面其實還有一句——「食過五月糭，唔到百日又翻風。」

塞。竇。窿。

對於天真可愛、調皮活潑的小朋友，粵語裏往往稱之為「塞竇窿」，有時家長也會把自己的小孩稱為「塞竇窿」或「化骨龍」。

關於「塞竇窿」這個說法的來源，據說竟然來自一個古時候的惡俗。

傳說古代在洪水為患的地方，為了防止堤壩被河水沖缺，有些迷信之人竟將小孩放入堤壩的排水口內，這些排水口被稱為「竇窿」，這些犧牲的小孩則被稱為「塞竇窿」。這種慘無人道的做法，與古代以活人祭祀的習

對天真可愛小孩或家中孩子的暱稱。

俗有關，到了後來漸漸消失了，只留下「塞竇窿」這個詞，被用作對小孩的稱呼。

除此之外，還有另一個說法：以前一些墮水小童的屍體會堵塞魚塘排水的閘口，這些閘口被稱為「竇」，於是就將這些小童的屍體稱為「塞竇窿」。

所以「塞竇窿」這個詞，在以前多少帶點咒罵的意思。不過到了現代，大家已漸漸遺忘這個詞的來源，在使用的時候也就去除貶義和惡意，將一般的小孩甚至自己的子女稱為「塞竇窿」了。

按二維碼聽有聲故事

化骨龍

形容自己的子女，也表達養育兒女的艱難。

在粵語裏，很多父母都喜歡將自己的小孩稱為「化骨龍」，除了有謙稱的意思之外，也隱含着養育小孩不易的意味。舉個例子來說，在影視作品中，常見到父母說自己家裏「成竇化骨龍」，意思是說自己一家小孩嗷嗷待哺，生活不易。

那麼這個化骨龍，究竟是甚麼龍？

根據民間傳說，所謂化骨龍，指的是龍生九子裏的饕餮（粵音滔鐵），傳說此獸極度貪食，怎麼吃都吃不飽。早年經濟發展比較落後，百姓生計艱難，養個小孩在家天天吃飯，暫時沒有經濟貢獻，家長自然覺得自己的小孩就像「化骨龍」一樣，怎麼吃都吃不飽，把家裏都吃窮了；所以就用「化骨龍」形容自己的子女，表達養育兒女的艱難。

到了現在，隨着經濟不斷發展，家庭環境越來越好，物質條件越來越豐富，很多家長不但不怕小孩貪吃而將家裏吃窮，反而害怕小孩不吃東西，營養不足，如果自己的小孩是個愛吃的「化骨龍」，家長可能還更高興呢！

按二維碼聽有聲故事

太。公。分。豬。肉。

形容某種優惠或好處人人都能夠得到。

從前各鄉各村每逢過節，通常都會殺豬祭祖拜神，以求風調雨順、五穀豐登、萬事順利。

在拜祭之後，會由族中的長輩或有名望的人，負責將豬肉分發給家族各家各戶。以前因為經濟發展水平低，肉食有限，豬肉頗為難得；所以分配的時候需要公平合理，否則容易引起糾紛。

漢朝的名相陳平，早年曾經在鄉間負責分豬肉，因為分得公道而備受稱讚，而陳平則感慨地說日後如果讓他來分配天下，他也能像分豬肉一樣分得大家都滿意。

因為負責分豬肉的通常都是族中長輩，在粵語裏統稱為「太公」，而因為家族中的男丁可分到豬肉；所以就有了「太公分豬肉，人人有份」的說法，用來形容某種優惠或好處人人都能夠得到，不必你爭我奪的意思。

當然，到了現代男女平等，人人有份就真的是人人都有份，不會只照顧男丁了。

按二維碼聽有聲故事

水。靜。河。飛。

在粵語裏形容地方很安靜，沒有甚麼人氣或生意很慘淡，都可以用「水靜河飛」這個詞。「水靜」比較好理解，當然是指河面或者湖面的水很平靜，而「河飛」卻是甚麼意思呢？

原來這個詞的原文應該是「水靜鵝飛」，指到了秋冬季節，水面上的候鳥都飛走了，所以水面十分平靜。大家就以此情景形容安靜的場面，或者生意不好的地方。

只是後來不知為何，以訛傳訛，被大家說成了「水靜河飛」，最後反而變成了約定俗成的說法了。

粵語釋義

形容這個地方很安靜，一丁點聲音也沒有，又或生意慘淡的情形。

按二維碼聽有聲故事

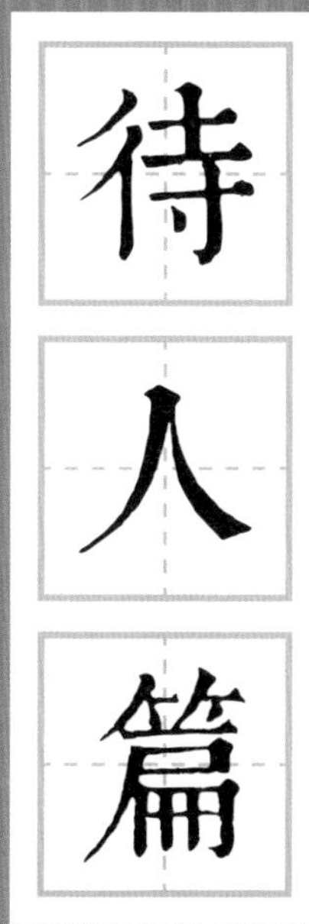

待人篇

六。國。大。封。相。

亂七八糟

引申為很麻煩、糟透、亂七八糟及難以收拾的情況。

六國大封相，本來是粵劇裏的一齣著名戲曲，說的是戰國時期。早年際遇不佳又被家人看不起的蘇秦以合縱之計，聯合東方六國共同抗秦，得到六國承認，掛六國相印，風頭一時無兩的故事。因為這齣戲演出人數眾多，十分熱鬧；所以「六國大封相」這個詞，除了有出人頭地的意思外，本來還有熱鬧非凡的含意。

但一九五一年，香港發生一樁命案，在灣仔有一個租客忽然發狂殺人，造成三死三傷，轟動一時。這個租客因為經常被人看不起，最喜歡說：「總有一日做出六國大封相你睇」，本來大家以為他是學蘇秦出人頭地，殊不知竟然以殺人製造轟動。

後來，大家又將「六國大封相」引申為大件事、亂七八糟、情況難以收拾的意思。

按二維碼聽有聲故事

反轉豬肚就係屎

豬肚——即是豬大腸，是廣東人餐桌上一道美味的佳餚，不過很多外地的朋友就未必敢嘗試。

豬腸屬排泄系統一部分，表面光滑整潔，但內裏藏有排泄物；所以屠夫在清洗的時候，需要將豬腸的內部翻出來，將內裏的排泄物清理乾淨，才能送到廚房烹調。表面光潔的豬腸一番反轉，就是骯髒的排泄物，對比頗為強烈；所以在粵語裏就用「反轉豬肚就係屎」形容那些忽然翻臉不認人、反目成仇，甚至恩將仇報的情形。

舉個例子，老闆前一天還表揚你工作做得好，今天

形容有些人忽然翻臉不認人、反目成仇，甚至恩將仇報的情形。

忽然「炒你魷魚」，那你就可以罵他「反轉豬肚就係屎」。

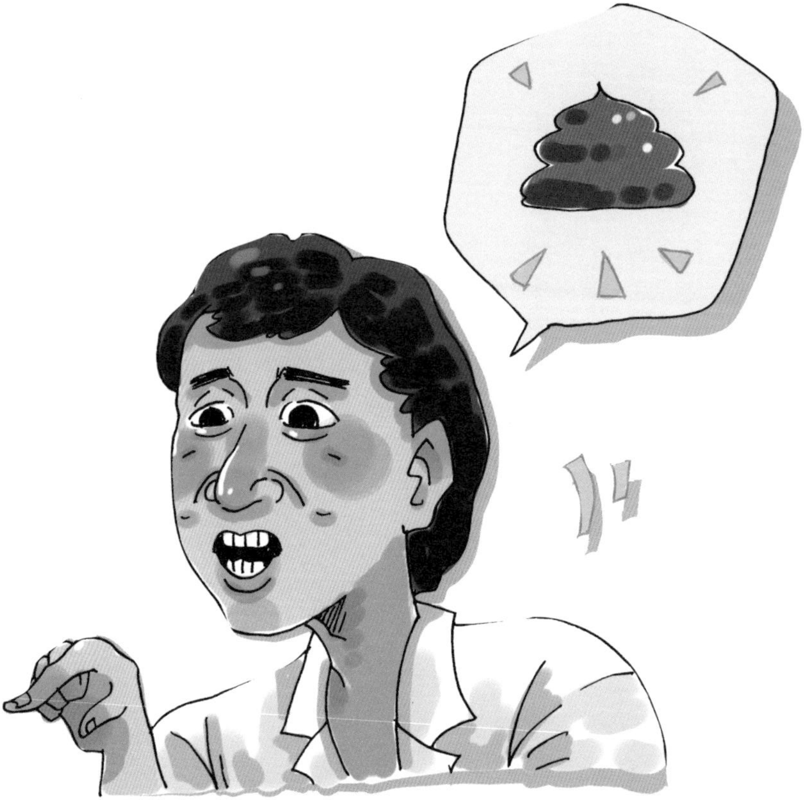

氹人落踏

粵語釋義

形容有些人被人誘騙、落入圈套的情況。

粵語中，形容被人誘騙、落入別人設好的圈套稱為「落踏」，例如騙人賭錢或購買不可靠的投資產品，我們可稱之為「氹人落踏」。究竟「落踏」出自於何處呢？

原來，所謂「踏」是指鳥籠裏雀鳥站立的那根橫條，「落踏」就是跳下踏腳橫條之意。以前民間流行鬥鳥，比鬥的時候會將兩個鳥籠的門打開，用食物或其他辦法，誘導籠中雀鳥跳下踏腳的橫條，進入鬥鳥場所。這些雀鳥本來未必互相爭鬥，只是被人「氹」（誘導），才會跳下腳踏；所以後來大家就用「落踏」來形容被人誘騙、落入圈套的情形了。

不過，這個詞語在日常使用中也未必全屬貶義，例如銷售人員成功賣出不容易銷售的產品，也會說客人終於「落踏」了，這裏的意思沒有落入圈套、被誘騙的意思，只是指客人終於被銷售打動，掏錢購買而已。

好像近年來，網紅主播帶貨已經「氹」了不少人「落踏」了。

剃人眼眉

表達讓人沒面子、丟臉、顏面掃地的行為。

很多人化粧的時候，都需要剃眉毛，但如果你把剃眉毛說成「剃眼眉」，那麼在粵語裏就是一個負面的詞語了。

粵語的「剃人眼眉」，是落別人面子、讓人出醜的意思。自古以來，眉在五官中的作用非常重要，古人認為眉不但影響外貌，還會影響一個人的運勢；所以對於剃眉毛是十分小心在意的，如果被剃掉了，可說是非常出醜的事。當然，女子自己剃掉後再畫上眼眉就另當別論。

於是，某人如果被對方當面剃掉眼眉，實在是非常沒面子；所以粵語就用「剃人眼眉」來表達令人出醜、讓人沒面子的做法。舉個例子來說「你這樣搞是要明剃我眼眉嗎？」，意思就是「你這樣做是擺明不給我面子，要我出醜嗎？」

按二維碼聽
有聲故事

三。口。六。面。

粵語地區的人如果發生了爭執、誤會需要當面澄清，通常就說——「三口六面講清楚」。為甚麼講清楚一定要三口六面呢？

三口——是指三個人三張口。因為兩個人各執一詞，公說公有理，婆說婆有理，又沒有旁證，只會愈說愈不清楚，這時候就需要第三方在場，才能作出判定；所以要講清楚事情或澄清誤會，起碼需要三個人三張口。

六面——是指每個人有兩邊臉，一共六面，面面相對，就是當面說清楚之意思。

雙方在第三者在場的情況之下，將爭執或誤會說清楚。

舉個例子，你在辦公室與同事發生爭執，可以說「去老闆面前三口六面講清楚」，而不能說「我和你三口六面講清楚」；因為兩個人沒辦法「三口六面」，也沒辦法講得清楚。

按二維碼聽
有聲故事

外母見女婿，口水嗲嗲滴

粵語釋義

形容岳母和女婿相處愉快、融洽。

自古以來，婆媳關係可說是千古難題，家姑和媳婦相處向來都很困難；相反，岳母和女婿則往往相處良好，形成很大的反差，俗語有云：「外母見女婿，口水嗲嗲滴」的說法。

這句話原本用來形容未來岳母見準女婿的情形，因為女婿上門拜見未來岳母大人，通常都會投其所好，送上禮物手信，博取未來岳母的歡心，以娶得美人歸。

舊時，男方向女方提親，更需要三書六禮，聘禮也要提前談好，所以準岳母見到準女婿，自然總是心情大好，看到禮物禮金，貪心一點的難免「流晒口水」。當然，在現代社會，聘禮已經沒那麼重要，獅子張大口的岳母已經比較少，所以這句話也會用來形容岳母和女婿相處融洽。

除此之外，老爺和媳婦通常也容易相處融洽，格外疏爽；所以「外母見女婿，口水嗲嗲滞」後，其實還有一句——「家公見新抱，孤寒變闊佬。」

按二維碼聽有聲故事

四。四。六。六。

粵語中，通常說要把事情講清楚，或者調停矛盾，有個很特別的說法稱為「四四六六拆翻掂」，或「四四六六拆掂佢」。四四六六——是指清楚明白、條理清晰的意思。這個說法究竟出自何處？

據說，這個詞源自宋代，當年的達官貴人家中舉辦宴席，通常都有專職的團隊服務，這個團隊分工非常細緻，稱為「四司六局」。其中四司是指賬設司、廚司、茶酒司、台盤司；六局是指果子局、蜜煎局、菜蔬局、油燭局、香藥局和排辦局。

遇上糾紛時，雙方談得清清楚楚，以大家可接受的方式解決。

由於「四司六局」做事起來清楚明白，分工明晰，而粵語裏「司」和「四」、「局」和「六」的發音相近，所以後來就以「四四六六」形容清楚明白、條理清晰的意思。一旦遇到有矛盾的時候，就需要雙方講清講楚，「四四六六」將糾紛排解妥當。

按二維碼聽有聲故事

食人隻車

強行佔別人大便宜，這種行為對別人造成沉重的代價。

中國象棋，在廣東地區曾經是一項極受大眾喜愛的智力運動，而且更出現不少頂級國手。在沒有電腦遊戲的時代，下象棋可算是平常人最玩得起的遊戲，早年不論是街頭巷尾，還是公園樹蔭下，都有不少下棋和圍觀的人。

曾下中國象棋的朋友都應該知道，象棋裏有所謂「公車馬炮士象卒」的排序，「車」這個棋子排行第二，能夠縱橫直線來去，在棋局裏的作用很大，僅次於「將」、「帥」等重要棋子。所以把對方的「車」吃掉，使對方的傷害很大。

正因如此，粵語裏有說法——「食人隻車（粵音居）」，是強行佔對方大便宜、「搿住來搶」的意思。佔人便宜，當然不是一件好事，強行佔便宜，就更加遭人厭惡。

所以「食人隻車」這個說法，往往用於反問或質問，例如：「哇！咁貴，食人隻車咩！」、「喂，你想食埋我隻車啊？」

怕。你。怕。過。米。貴。

形容對一個人十分緊張、害怕，有妥協之意。

現在社會經濟發展，物質豐富，一般情況下糧食供應十分充足，不會有缺糧之苦。但在早年，別說肉和菜，就算是主食的米，也曾經是非常緊缺的食物。

尤其在二十世紀三、四十年代，因為米糧供應緊張、通貨膨脹等原因，米價的波動相當劇烈。當時的普通人家經濟收入有限，一旦米價上漲，對一家的生計影響很大，有填不飽肚子之虞，所以當時的人對於米價的變化十分敏感。

正因如此，粵語出現「怕你怕過米貴」的說法，作為「怕了你了」的誇張說法，形容對一個人十分緊張害怕，程度甚至超過了米價上漲。

不過，這句話的應用場景通常是親戚、相熟的人，甚至父母子女之間，例如子女想父母買玩具，父母拗不過，就會說：「好啦好啦，怕你怕過米貴，買俾你啦！」，大不了是知難而退、妥協屈服之意，一般而言並非真的十分驚恐害怕。

按二維碼聽有聲故事

黃。皮。樹。鷯。哥。

唔熟唔食

粵語釋義

形容有些人專挑熟人行騙或加害。

社會上有一類人，專門挑與自己關係好、甚至有親戚關係的相熟人士來坑蒙拐騙，這種人在粵語裏稱為——「黃皮樹鷯哥，唔熟唔食」。

黃皮，是廣東地區盛產的水果，一般在荔枝季節之後上市，味道酸中帶甜，富含維他命，果皮及果核可入藥，很受大眾歡迎。不過如果黃皮果實還未成熟，會相當酸苦，味道不佳。

鷯哥（即是八哥），據說很喜歡吃黃皮，每逢黃皮即將成熟的時候，會飛到黃皮樹上覓食。而且鷯哥有個本事，就是懂得挑選成熟的黃皮果實來吃，那些未成熟的酸苦黃皮是不會碰的，相當精明。

因為鷯哥有此一招，所以粵語裏就用「黃皮樹鷯哥」形容那些喜歡挑熟人來坑騙的人，指責他「唔熟唔食」了。

按二維碼聽有聲故事

卸膊

大家在日常工作、生活當中，經常遇到一些喜歡推卸責任的人，這種行為我們在粵語裏稱為「卸膊」。

膊——就是肩膀，粵語裏稱為「膊頭」。以前一般人家沒有其他運輸工具，又沒有快遞，都是靠肩膀挑擔運送物資，所以肩膀被視為擔當責任的象徵；如果一大群人搬運東西，某一位不想出力，側一下肩膀，將自己肩膀上的重擔卸去一部分，這就所謂「側側膊，唔多覺」，那不但增加了其他人的負擔，甚至還會影響整個搬運工作，這種行為在粵語裏被稱為「卸膊」。

後來，「卸膊」被引申為推卸責任的意思，與普通話的「撂挑子」可謂有異曲同工之妙。

粵語釋義

形容有些人工作辦事不負責任；推卸責任的意思。

按二維碼聽有聲故事

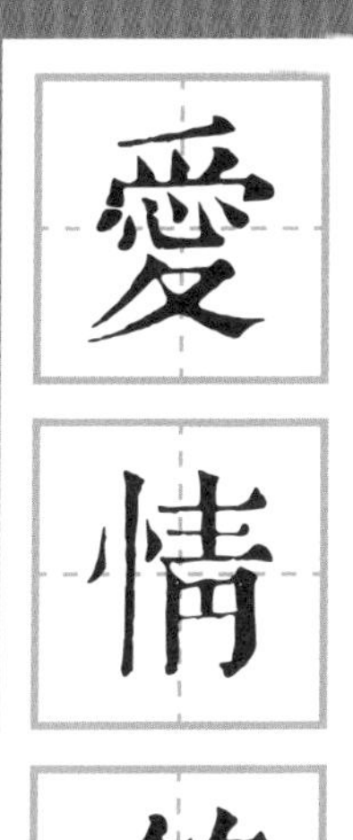
愛情篇

耍。花。槍。

形容一對男女打情罵俏的情景。

有些詞語，在普通話和粵語裏的表達意思有所不同。

例如「耍花槍」這個詞語，在普通話是賣個破綻、引人上當，或弄虛作假的意思，出自京劇的武打戲。可是在粵語裏，「耍花槍」則是情侶愛人之間打情罵俏的意思。

粵語的「耍花槍」，據說出自粵劇的著名作品《薛丁山征西》，薛丁山與樊梨花大戰的一場戲。當時薛丁山與樊梨花情投意合，但因為各為其主，在戰場上又不得不刀槍相向。結果場面上刀來槍往打得十分激烈，實際上卻眉來眼去，暗通款曲。

後來大家就用「耍花槍」這個詞，來形容打情罵俏，表面上爭吵，實際上卻郎情妾意的情形了。

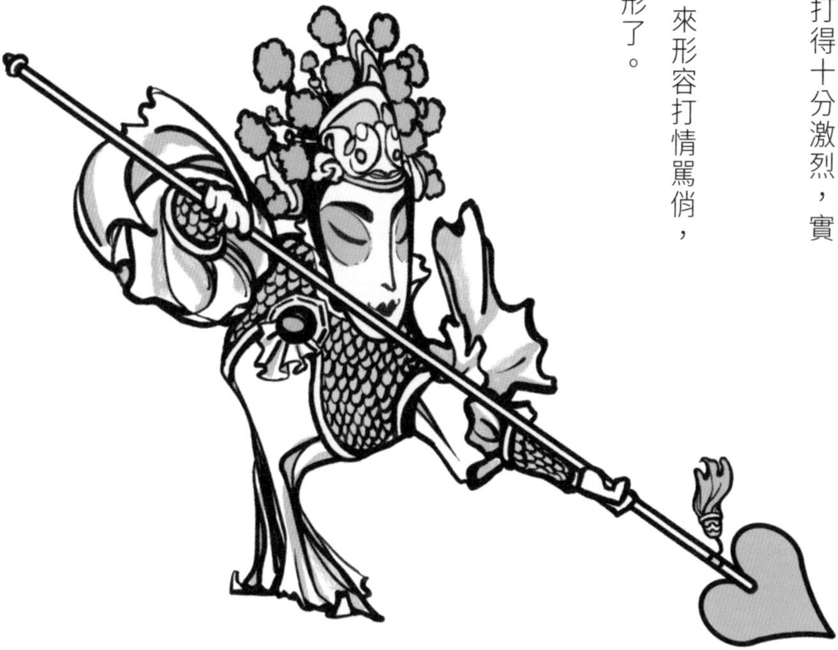

十月芥菜

粵語釋義 形容女生對男生產生愛意、思春之意。

芥菜是廣東人經常食用的蔬菜之一，一般認為有清熱的功效，對於怕「熱氣」（上火）的廣東人來說，芥菜是非常健康的蔬菜。

芥菜一般在春季栽種，到了秋季（大概九月、十月），就會孕蕾結出花芯，粵語稱為「起心」。「起心」這個詞在粵語裏也有對異性感興趣、思春的意思，於是就出現一句歇後語——「十月芥菜——起晒心」。

不過這個詞語通常形容女性對男性有意思，很少用來形容男性對女性感興趣。大概是因為女生比較早熟，而結出花芯這個狀況也比較適宜用於形容女性吧！

按二維碼聽有聲故事

掟煲容易箍煲難

比喻分手很簡單，但挽回感情重修舊好卻往往很難辦到。

粵語裏談戀愛稱為「拍拖」，分手則稱為「甩拖」，這個說法與早年的渡輪有關。除了「甩拖」之外，分手在粵語還有另一個更常用的說法——「掟煲」。

很多情侶感情出了問題，就喜歡吵架，吵起架來則喜歡亂扔東西；現在可以扔手機砸電視，以前沒有電器可以扔，就只能扔碗碟煲罐之類。廣東人喜歡喝湯，煲湯的煲十分重要，連湯煲都扔爛，最後往往難免分手收場。而且破碎一地的瓦片，也容易讓人聯想起破碎的感情，所以大家就將分手稱為「掟煲」。

由此引申而來，試圖重新撮合準備分手的男女稱為「箍煲」。很早時期，如果砂煲出現裂紋但還未爛，可用鐵線箍起加固，以便繼續使用。這個做法與重新修復破裂的男女關係，確實有異曲同工之妙。

不過說真的，掟煲很容易，箍煲的難度就大得多了。

按二維碼聽有聲故事

楔灶罅

舊時候，對於嫁不出去的女子，粵語有「賣剩蔗」、「蘿底橙」的說法。除此之外，還有「楔（粵音屑）灶罅」這個形容詞。為甚麼嫁不出去的女子被人說「楔灶罅」呢？

以前家中廚房灶頭，都由女性負責，家庭裏如果哥哥娶了老婆，妹妹長時間沒嫁出去，兩個女人之間容易有矛盾，嫂子會嫌妹妹妨礙自己在家中的地位，在廚房也是「阻頭阻勢」（礙手礙腳）。於是就會說老公的妹妹老是不嫁出去，留在家裏也沒甚麼用處，難道要留來楔灶罅？

形容已屆適婚年齡而還未結婚的女子。

所謂「灶罅」，是指廚房爐灶上破損的縫隙，通常都是以沒用的雜物來臨時堵住，而堵塞在粵語裏稱為「楔」，所以這些嫁不出去的女子，就被認為是多餘無用之人，和廚房那些楔灶罅的雜物沒甚麼兩樣了。

現代女性自立自強，對於是否結婚已經不像當年在乎，所以很多單身女性都會大聲說：「楔灶罅，冇有怕！」

按二維碼聽有聲故事

密實姑娘假正經

正所謂知人口面不知心，一個人的外表和他的內心，往往未必一致。尤其是女性，往往因為社會傳統和觀念，導致她們盡量表現比較保守，以免引來負面的評價。

實際上，少女懷春、有心儀的對象、有正常的欲望，也是非常自然的事。但在舊時，這種態度則不能表現出來，否則被認為不正經，被人看不起。所以，有些表面保守的女性，內心其實未必如此，於是有了一個說法——「密實姑娘假正經」，說的就是這種情況了。

形容有些女子表面保守，其實內心的欲望很強烈。引申為口不對心、裝模作樣的意思。

後來，這句話也被引申為心口不一、裝模作樣的意思，未必一定用在女性身上。

另外，很多人認為這句話之前還有一句——「斯文男子生雞精」，說的是那些表面斯文的男子，其實內心的欲望也很強烈。

按二維碼聽有聲故事

戥。穿。石。

年輕男女結婚舉辦婚禮時，新郎新娘通常各找一個人全程陪伴，男方稱為伴郎，女方稱為伴娘。不過伴郎伴娘是比較現代的講法，在粵語裏伴娘通常稱為「姊妹」，伴郎及兄弟團則稱為「戥（粵音鄧）穿石」。

為甚麼伴郎稱為「戥穿石」呢？關於這個詞語的出處有兩個說法。

一、來自水上人家。話說漁船出海的時候，因為還沒有漁獲，所以船身比較輕，通常放上石頭來穩定船身，這些石頭叫做「艠（粵音鄧）磚石」。因為這些石頭與

在婚禮上陪伴新郎，全程照顧，安排當晚婚禮細節的伴郎及兄弟團。

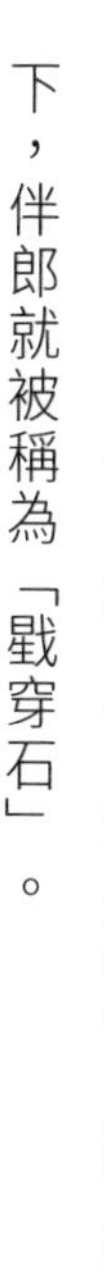

伴郎在迎親隊伍中起的作用有些相似，所以口口相傳之下，伴郎就被稱為「戥穿石」。

二、以前有個名叫鄧穿的人，有次他要挑一頭豬到市集上賣，但只有一頭豬沒辦法平衡，挑起來很困難，於是他在扁擔的另一頭掛了一塊大石頭來平衡。大家覺得他這個做法很傻，就叫他「鄧穿石」。因為這塊石頭起陪襯作用，與伴郎相似，而「戥」字在粵語裏有平衡、對稱的意思，所以後來大家就把伴郎稱為「戥穿石」。

按二維碼聽有聲故事

千揀萬揀，揀個爛燈盞

粵語釋義

指男女在選擇時過於挑剔，最後卻沒選到好對象。引申為相類似的情況。

在粵語裏，形容一個人千挑萬選，最後卻選到不好的結果，有句俗語稱為「千揀萬揀，揀個爛燈盞」。

相傳這句話出自一個婚姻故事。話說早年某個村子裏，有個年輕人長得高大帥氣，來提親的人絡繹不絕；但他全都看不上眼，原來他看中了一位在茶山上見過一眼的姑娘。後來好不容易，被他找到這位姑娘及娶回家中，卻發現這位姑娘好吃懶做，不事生產。最要命的是七個月後，就生了個兒子，弄得大家都懷疑這個孩子是不是那年輕人的。於是，村裏的人都笑他「千揀萬揀，揀個爛燈盞」。

這句俗語通常用在男女婚嫁上，指男女在選擇的時候過於挑剔，最後卻沒選到好對象。不過後來引申出來，用於形容其他類似的狀況。

按二維碼聽有聲故事

後記

記得上一本《粵語有段古》的出版是二〇一九年的事。能夠在三、四年之後迎來第二本的出版，對我來說是一件期望已久、又意想不到的事——畢竟在第一本剛剛問世的時候，對於這本小書能不能得到讀者和市場的認可，我心裏完全沒有底。

但事實證明，讀者們對於粵語、粵語文化的熱情和興趣並沒有消失，《粵語有段古》在各個年齡層次都擁有不少讀者，得到了眾多專家、媒體的認可和推薦，音頻內容在喜馬拉雅平台上更突破六千萬次播放。

最令我欣慰的是，近年來越來越多人認識到保護和傳承地方語言，正是傳承優秀傳統文化的一部分，與推廣普通話、加強交流溝通是並行不悖、相輔相成的。也正是在這樣的背景下，《粵語有段古》才有機會推出第二部作品。

因為編寫這一系列的書，我有機會接觸到很多從事粵語文化傳承和推廣工作的人，他們有的是專家學者，有的是演藝紅人，有的是教育工作者，有的是熱心的志願者……我很慶幸自己的工作，可以與他們的努力滙聚在一起，共同為傳承優秀傳統文化出一分力。

最後，要感謝一直支持我工作的家人，兒子李卓言為本書繪製了部分插圖，太太黃嘉穎也經常為我的工作出謀劃策。

希望在未來，大家還能看到《粵語有段古》系列的更多作品，也感謝大家一直支持粵語文化。

粵語有段古

俗語篇

著者
李沛聰

繪圖
李卓言 等

責任編輯
簡詠怡

裝幀設計
鍾啟善

排版
陳章力

出版者
萬里機構出版有限公司
香港北角英皇道499號北角工業大廈20樓
電話：2564 7511　傳真：2565 5539
電郵：info@wanlibk.com
網址：http://www.wanlibk.com
http://www.facebook.com/wanlibk

發行者
香港聯合書刊物流有限公司
香港荃灣德士古道 220-248 號荃灣工業中心 16 樓
電話：2150 2100　傳真：2407 3062
電郵：info@suplogistics.com.hk
網址：http://www.suplogistics.com.hk

承印者
中華商務彩色印刷有限公司
香港新界大埔汀麗路 36 號

出版日期
二〇二三年十月第一次印刷

規格
32 開（210mm x 140mm）

ISBN 978-962-14-7504-6

本書由廣東人民出版社有限公司授權
萬里機構出版有限公司在中國內地以外地區出版發行